U0933896

漳州职业技术学院

国家示范性高职院校项目建设成果

课程与教学改革丛书

丛书主编：李斯杰

副主编：戴延寿

刘继芳

高等职业教育计算机网络技术专业学习领域课程教学用书

网络综合布线设计与施工工作页

主　编　郑东生
副主编　沈志忠

总 序

当前，提高教育教学质量已成为我国高等职业教育的核心问题，而教育教学质量的提高与高职院校内部的诸多因素有关，如办学理念、师资水平、课程体系、实践条件、生源质量以及教学质量监控与评价机制等。在这些影响因素中，不管从教育学理论还是从教育实践来看，课程都是一个非常重要的因素。课程作为学校向学生提供教育教学服务的产品，不但对学生培养的质量起着关键作用，而且也决定着学校核心竞争力和可持续发展能力的高低。

“国家示范性高职院校建设项目计划”的启动，标志着我国高等职业教育进入了一个前所未有的重要的改革与发展阶段，课程建设与教学改革再次成为高职院校建设和发展的核心工作。漳州职业技术学院作为“国家示范性高职院校项目建设计划”的第二批立项建设单位，在“校企合作、工学结合”理念的指导下，经过两年的理性探索与大胆尝试，其重点专业的核心课程从来源到体系、从教学模式到教学方法、从内容选择到评价方式都发生了重大的变革，在一定程度上解决了长期以来一直困扰职业教育中课程设置、教学内容与企业需求相脱离，教学模式、教学方法与学生能力相脱离的问题，特别是在课程体系重构、教学内容改革、教材设计与编写等方面取得了可喜的成果。

漳州职业技术学院的六个示范性重点建设专业采用目前世界上先进的职业教育课程开发技术——工作过程导向的“典型工作任务分析法”（BAG）和“实践专家访谈会”（EXWOWO），通过整体化的职业资格研究，按照“从初学者到专家”的职业成长的逻辑规律，重新构建了学习领域模式的专业核心课程体系。在此基础上，他们将若干学习领域课程作为试点，开展了工学结合一体化课程实施的探索，设计编写了用于帮助学生进行自主学习的学习材料——工作页。工作页作为学习领域课程教学实施中学生使用的主要学习材料，是指导帮助学生完成学习任务的重要工具。工作页体现了鲜明的职业教育特色，实现了学习内容与职业工作要求的直接和有效对接，使工学结合的理论实践一体化教学成为可能。

同时，丛书所承载的编写理念与思路、体例与架构、技术与方法，为我国职业院校的课程与教学改革以及教材建设提供了可资借鉴的思路与范式。

2009 年 8 月 8 日

前 言

计算机网络技术高技能人才就业的主要对象为网络设备厂商、系统集成厂商、企业的IT管理部门。所从事的职业工作主要是：网络规划与设计、网络工程现场实施与管理、安全防范工程设计与实现、网络设备的安装调试、网络系统管理、网络与信息安全防护、网络信息服务平台架设与管理、Web应用项目开发，售前技术支持与售后技术服务等。

计算机网络技术的发展速度较快，对计算机网络技术高技能人才的职业要求也在不断的变化。为了适应对不断的职业岗位和应用的需求，应在人才的培养过程中注重学生可持续发展能力的培养，让学生在今后的职业工作中能够独立获取新知识、新技术的方法与能力。这就要求在课程开发与建设过程中，既要注重学生职业技能的训练，也要培养学生职业必备知识技术的应用能力。

《网络综合布线设计与施工》是由职业典型工作任务转化而来的一门学习领域课程。其先修课程为《计算机网络基础》、《网络工程制图》，学生在学习本课程之前已获取了相关的计算机网络基础与工程识图与制图的技术与技能。因此，在该课程的学习过程中，从简单到复杂完成从办公室到园区网综合布线设计与施工，重点是充分发挥学生的主体功能，在一定程度上独立安排学习与工作计划并实施，完成不同类型与规模网络布线设计与施工工作。

根据《网络综合布线设计与施工》课程的学习目标，按照网络综合布线设计与施工工作过程，在企业实践专家的帮助下笔者编写了《网络综合布线设计与施工工作页》。本工作页以网络布线设计与实施职业综合能力培养为重点，具有鲜明的职业工作特征。所设计的3个学习任务具有从简单到复杂依次递进，无论学习任务大小和复杂度如何，每个学习任务都要求学生完成从明确任务、制订学习与工作计划、实施计划到评价反馈这一完整的工作过程。学生可在教师指导、工作页的引导下通过查阅相关的资料与技术手册，自主分阶段有计划地在理实一体化教室、施工现场完成学习内容和工作任务。学习中既强调网络综合布线应形成显性的、可测量的工作成果，又关注隐性能力的培养，充分体现高职教育课程职业性、实践性和开放性要求。

本工作页由计算机工程系郑东生老师担任主编，由漳州鑫利电脑有限公司沈志忠担任副主编，漳州鑫利电脑有限公司张志勇副总经理对本书的编写提出了许多宝贵的意见，本工作页中部分图例由西安开元电子实业有限公司提供，在此表示感谢。由于编者水平有限，书中难免有不妥之处，欢迎指正。

编　者

2009 年 12 月

致 同 学

亲爱的同学：

你好！

欢迎你学习《网络综合布线设计与施工》课程。

构建一个“性能卓越、安全可靠、管理方便”的企业网络是企业信息化建设成功的关键，通过本课程的学习，希望你具备不同规模网络综合布线设计与施工能力，并且能够在课程的学习过程中学会工程招投标的准备与实施。

一、在学习本课程之前，希望你能够了解本课程的学习目标与学习内容

本课程以网络综合布线设计与实施为参照系，按照工作过程对课程内容进行排序。课程设置了3个学习情境，每个学习情境安排了一个课业，每个课业均有轮廓清晰的学习/工作任务、学习目标，并具有明确而具体的成果展示。

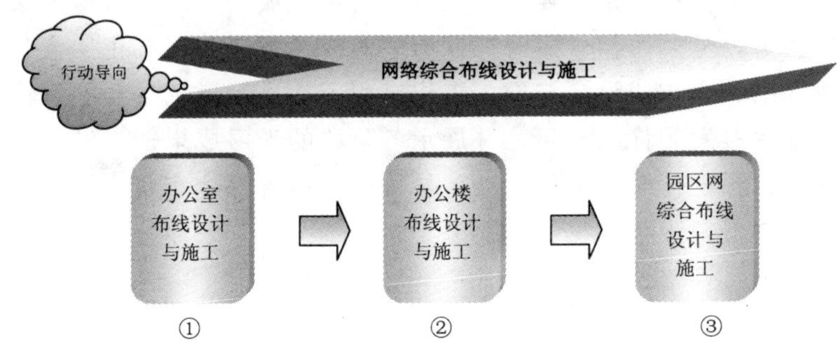

二、希望你在学习过程中能够做到

1. 主动学习

你是学习的主体，职业的成长需要主动学习，需要你自己积极地参与实践。你与你的小组有独立进行计划工作的机会，在一定时间范围可以自行组织、安排自己的学习行为。在学习过程中，你可以参与学习目标的自我设

计，参与学习效果的自我评价。

面对不同规模的网络布线设计与施工过程，希望你与你的小组能够多查阅成功的典型案例，多在实训室内完成技能的训练与强化，当然老师会尽量为大家提供一切帮助。

只有在行动中主动地学习，才能更好地获得职业能力，因此，你自己才是实现有效学习的关键所在。

2. 用好工作页

每个学习与工作任务均有明确的学习目标与工作成果，你要充分利用这些目标去安排自己的学习过程并评价自己的学习效果。在工作页的引导下，你与你的团队成员应尽量独立去完成每个学习任务的各个环节。老师会帮助大家划分学习小组，但要求你们既要有分工，更要互相协作、互相帮助、互相学习，共同达到学习目标；各小组事先应制定可行的学习与工作计划，并合理安排学习与工作时间，严格按照学习与工作计划规定的进度完成阶段性任务，要有完整的学习与工作记录。

在工作页中，会有部分参考资料推荐给大家，老师在指导的过程中也会补充更多的典型成功案例供大家参考，希望大家能够用好这些资料，更要培养查阅、收集、分析与运用相关信息的能力。

3. 团队协作

你所完成的是网络综合布线设计、施工、测试的工作任务，具有一定的工作量，会有部分任务是需要大家在课外自主完成的。因此希望大家在团队组长的带领下，分工协作，按时、保质地完成任务，最终真正体会到一个大中型企业网络综合布线设计与施工工作过程。在小组讨论过程中，你应与同学多交流，积极发表你的意见，并展示各阶段的学习成果。

同学们，预祝你学习取得成功，早日成为一名综合布线项目设计工程师与现场施工支持工程师。

编　者

2009 年 12 月

目 录

"网络综合布线设计与施工"课程描述一览表

<table>
<tr><td>学习领域 2</td><td>网络综合布线设计与施工</td><td>时间安排</td><td>72 学时</td></tr>
<tr><td colspan="4">典型工作任务描述</td></tr>
<tr><td colspan="4">根据企业的实际环境与需求,进行综合布线的现场勘察与方案设计,熟练进行设备间布线和信息模块安装,绘制施工图、编制工程文档。能提供布线工程的管道铺设、线槽架设等各项工程的技术支持。使用线缆测试仪进行线缆测试,能熟练地使用仪器查找和判断线缆故障点。工程竣工时,能对工程实施各项检查、验收并写出检测验收报告。</td></tr>
<tr><td colspan="4">学习目标</td></tr>
<tr><td colspan="4">根据企业网络构建实际需求,参照综合布线相关标准制定合理的综合布设计与施工方案。并能够在现场与仿真实训室内进行综合布线系统的施工与测试。
学习完本课程后,你应当能够:
1. 熟练叙述综合布线系统结构,在教师的指导下查阅综合布线的相关标准;
2. 在教师的指导下,认知综合布线六个子系统,进行办公室布线的设计,熟练使用综合布线常用的工具,进行水晶头、信息模块、信息插座安装与跳线测试完成办公室布线施工;
3. 在老师的指导下,借助工作页,完成办公楼布线设计,分析典型的工程项目招投标书,独立完成综合布线项目招投标书的制作;
4. 小组团队协作,在教师的指导下借助工作页,查阅相关技术文档完成园区综合布线设计方案的撰写,并制定现场施工计划与指导书;使用相关的验收标准对布线系统环境、器材、设备安装、线缆敷设、线缆终接以及链路进行验收,撰写工程验收文档。</td></tr>
<tr><td colspan="4">学习与工作内容</td></tr>
<tr><td>工作对象:
1. 与企业项目技术负责人的沟通;
2. 撰写现场勘察报告;
3. 撰写企业布线需求报告;
4. 确定和标注施工关键部位;
5. 平面点位图和点位信息表的制作;
6. 材料清单和设备清单的制作;
7. 工程实施方案的制定;
8. 依据点位信息图、表,完成布线施工;
9. 收集、整理实际施工方案,编写布线施工过程文档;</td><td colspan="2">工具:
1. 综合布线相关国家标准;
2. 工程合同;
3. 工程绘图软件(AutoCAD、Visio);
4. 布线工具;
5. 线缆测试设备;
6. 工作页。

工作方法:
1. 理解合同和国家标准 GB50311-2007;
2. 沟通、洽商,进一步明确用户意图;
3. 收集、确认相关的工程历史资料;</td><td>工作要求:
1. 学习并理解国家标准《综合布线系统工程设计与规范》,确保勘测质量;
2. 掌握沟通的方法,能够及时与建设方沟通,明确建设方的实际需求;
3. 按时、规范、保质保量地完成工程现场勘测,严格遵守 GB50311-2007 的要求,准确使用综合布线规范术语和符号,合理确定并准确标注施工关键点;
4. 自觉遵守安全生产规则,保持勘测区域的良好环境;</td></tr>
</table>

续表

10. 制定测试方案，对线缆进行测试； 11. 网络布线综合测试报告的制作与提交； 12. 布线工程标书制作。	4. 分工合作，按勘测方案，勘测现场； 5. 绘制项目施工平面图及信息表； 6. 换算各类槽、管等材料的容积；统计材料、设备的数量；制作材料清单； 7. 网络布线施工，电缆布放、光缆布放、工艺自检； 8. 随时检查工程施工安全性，施工工艺及施工质量等，及时矫正施工中不符合规范的问题； 9. 收集网络布线施工的自检及检查结果，编制布线施工过程文档； 10. 利用测试工具进行工程线路参数测试并记录测试数据；分析测试结果，准确判断故障点； 11. 根据测试数据，编制网络布线测试过程文档； 12. 按照相关的程序与步骤，进行工程招投标。 **劳动组织方式：** 1. 以4～5名学生组成项目小组，实施项目组长负责制； 2. 小组分工协作，完成布线方案设计、施工与测试等工作；	5. 熟练使用绘图软件准确制作项目施工平面图、信息表； 6. 明确建设方的实际需求，通过与建设的沟通，制定布线设计方案； 7. 独立完成工程实施方案的公文往复，并及时向公司有关部门提供材料、设备清单； 8. 正确使用网络布线的各种施工工具，熟练制作各类综合布线信息点节点； 9. 掌握布线施工顺序、合理安排施工工序、及时调整施工分布及日施工量、充分利用材料，节约成本； 10. 按施工分部顺序对施工日志、工作周报及施工阶段性报告进行汇总、归档，及时记录施工图纸、点位信息等变更，正确编写真实、可靠、规范的网络布线施工过程文档和报告； 11. 明确网络电缆、光缆测试的参数范围和需要的测试工具，熟练掌握电缆、光缆网络测试工具的使用方法。 12. 熟悉招投标规程，制作规范标书。

续表

学习情境简介：

学习情境名称	学习情境简介	建议学时
办公室布线设计与施工	做出办公室布线需求分析，对工作区子系统进行设计，撰写设计方案，统计材料清单，做出初步预算，使用布线常用工具进行双绞线端接、信息模块安装、信息插座安装与跳线连通测试，完成办公室布线施工。	12
办公楼布线设计与施工	做出办公楼综合布线需求分析，并与用户进行沟通，确认初步设计方案，进行水平子系统、管理间子系统、垂直子系统的规划与设计；进行管槽的敷设、线缆的敷设与端接、机柜安装、网络设备安装、标签制作、跳线配置和管理，完成办公楼布线施工。 依据招投标相关的法规与操作规范，以发包方的身份完成编制工程项目招标书，完成一个综合布线工程项目的招标；以承包商的身份响应招标单位发布的综合布线招标投标，编制工程投标书，完成投标流程。	28
园区网布线设计与施工	做出园区网综合布线需求分析报告，并与用户进行沟通，确认初步设计方案，得到用户的认可。完成园区网综合布线详细设计，制定园区网综合布线施工与管理方案。根据测试标准测试所给的双绞线的各项指标，撰写测试报告；根据测试标准独立测试所给的光缆的各项指标，撰写测试报告；根据相关标准及设计方案，对布线工程进行与验收，撰写验收报告。	32

《网络综合布线设计与施工工作页》学习任务结构图

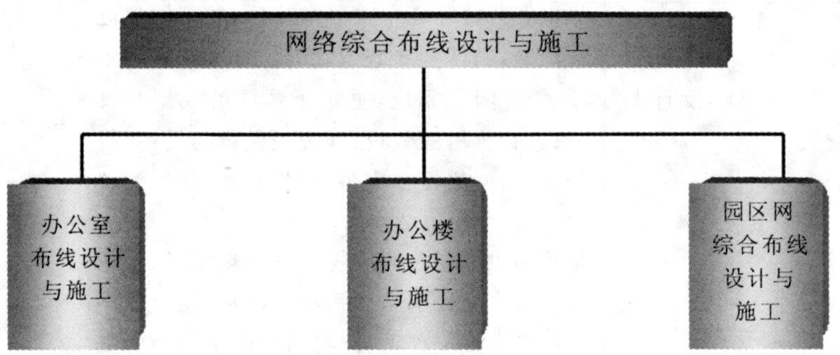

学习任务 1

办公室布线设计与施工

1.1　学习任务描述

1.1.1　任务背景

某企业有一间 120 m^2 左右的办公室，供员工进行集中办公，现欲对该集中办公区进行布线。在设计该集中办公区信息点布局时，必须考虑空间的利用率与便于办公人员工作。信息插座根据工位的摆放设计安装在墙面与地面。应与建设方进行沟通，分析建设方的实际需求，做出该办公室的布线方案并要求得到用户的认可。

每个信息插座上包括 1 个数据点、1 个语音点。每个点铺设 1 根超五类非屏蔽双绞线，要求数据线与语音线分开敷设，所有的信息插座使用双口面板安装，所有的布线使用 PVC 管暗装敷设。要求：

1. 工作区内线管的敷设路径要合理、美观；
2. 信息插座设计应把设计规范与用户实际现场环境进行结合，合理安排墙面插座与地面插座位置；
3. 信息插座与计算机设备的距离保持在 5 米范围内；
4. 至少选择三种以上品牌的布线材料与器材供用户选择；
5. 工作区所需的信息模块、信息插座、面板的数量统计应准确。

1.1.2　学习目标

根据用户办公区的实际应用需求，进行现场勘察，做出该办公室的布线方案并进行施工。通过本课业的学习，你应该能够：

1. 说出综合布线子系统的划分基本原则，现场考察一个已竣工的综合布线工程，能够指出综合布线子系统的位置；
2. 根据办公室实际场所，做出办公室布线需求分析并与用户进行交流；

3. 在教师的演示下，认知工作区子系统常用传输介质与器材；

4. 在教师的指导下对工作区子系统进行设计，撰写设计方案，统计材料清单，做出初步预算；

5. 使用布线常用工具进行双绞线端接、信息模块安装、信息插座安装与跳线连通测试。

1.1.3 任务说明

现场勘察，听取用户的需求，进行办公室布线方案初步设计（工作区信息点的配置、工作区信息点数统计表制作），办公室布线材料清单的制作与人工费用概算（材料费、工程费、税金）并得到用户的认可；进行布线方案正式设计（绘制办公室布线平面布局图，要求标识信息点位置、信息点安装位置说明、信息点面板与底盒安装要求说明）。

表 1.1 本课业包含的工作环节及建议学时数

序号	工作环节	建议学时数
1	认知综合布线子系统结构	2
2	现场勘察，分析用户需求	2
3	办公室布线设计	4
4	办公室布线施工	4
小　计		12

1.2 认知综合布线子系统结构

1.2.1 学习准备

1. 认知网络综合布线

网络综合布线是一门新发展起来工程技术，它涉及许多理论和技术问题，是一个多学科交叉的新领域，也是计算机技术、通信技术、控制技术与建筑技术紧密结合的产物。是建筑物或建筑群内的传输网络系统，它能使语音和数据通信设备、交换设备和其他信息管理系统彼此相连接，包括建筑物到外部网络的连接点与工作区的语音或数据终端之间的所有电缆及相关联的布线部件。

2. 认知综合布线系统工程的各个子系统

GB50311-2007《综合布线系统工程设计规范》国家标准规定，在综合布线系统工程设计中，宜按照下列七个部分进行：工作区子系统、水平子系统、垂直子系统、管理间子系统、设备间子系统、进线间子系统、建筑群子系统。

（1）工作区子系统

工作区子系统又称为服务区子系统，它是由跳线与信息插座所连接的设备组成。请根据先前所学的知识以及日常所见，列出其可能连接的设备名称。

（2）水平子系统

水平子系统应由工作区信息插座模块到楼层管理间连接缆线、配线架、跳线等组成。你肯定见过某一类的连接线缆，请查阅相关资料，说出你所见过的连接线缆的主要特性，填写表 1.2.1。

表 1.2.1　某一种连接线缆的特性

名称	线对	优点	主要参数（只要求写出参数名称）

（3）垂直子系统

提供建筑物的干线电缆，负责连接管理间子系统到设备间子系统。干线传输电缆的设计必须既满足当前的需要，又适合今后的发展，具有高性能和高可靠性，支持高速数据传输。

（4）管理间子系统

管理间子系统也称为电信间或者配线间，一般设置在每个楼层的中间位置。安装楼层机柜、配线架、交换机的楼层管理间。管理间子系统也是连接垂直子系统和水平干线子系统的设备。

（5）设备间子系统

设备间在实际应用中一般称为网络中心或者机房。是在每栋建筑物适当地点进行网络管理和信息交换的场地。请根据先前所学的知识以及日常所见，列出可能放在设备间的设备名称。

(6) 进线间子系统与建筑群子系统

进线间是建筑物外部通信和信息管线的入口部位，并可作为入口设施和建筑群配线设备的安装场地。建筑群子系统也称为楼宇子系统，主要实现楼与楼之间的通信连接，一般采用光缆并配置相应设备。在建筑群子系统中室外缆线敷设方式，一般有架空、直埋、地下管道三种情况。请查阅相关资料，填写表 1.2.2。

表 1.2.2　建筑群子系统线缆敷设方式比较

方式	优点	缺点
架空		
直埋		
管道		

1.2.2　实施建议

1. 现场观察

请与你的团队成员现场观察校园里一幢楼宇，该楼宇综合布线工程已竣工。完成表 1.2.3 填报。

表 1.2.3　楼宇综合布线大致情况

楼宇名称		楼宇位置		楼宇层数	
是否有设备间		如有设备间，它的位置			
是否有竖井		如有竖井，它的大致位置			
是否有楼层配线间		如有楼层配线间，它的大致位置			
进线采用的方式					

2. 在图 1.2.1 中标注综合布线子系统的位置

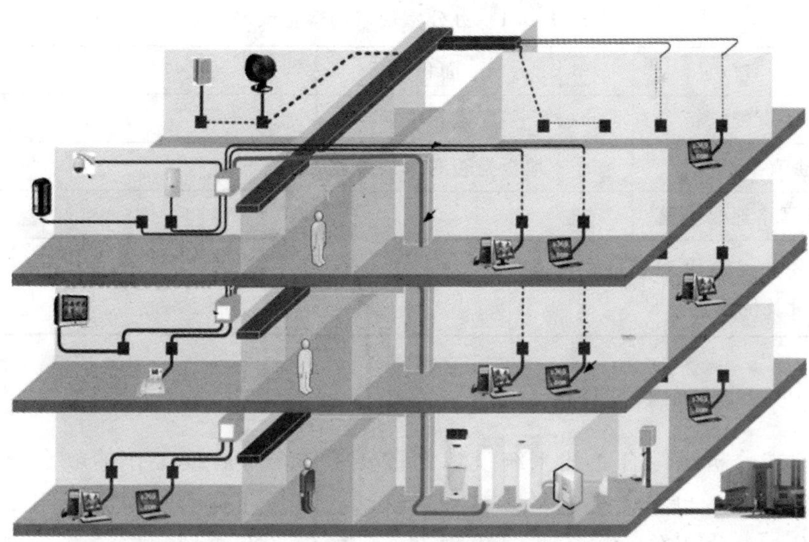

图 1.2.1　综合布线系统模型

3. 查阅综合布线常用的标准

随着综合布线系统技术的不断发展，与之相关的国内和国际标准也更加规范化、标准化和开放化。请查阅相关资料，填报表 1.2.4.

表 1.2.4　综合布线常用的国际标准、国家标准名称

类别	标准名称
国际标准	
国家标准	

1.3　办公室现场勘察，分析用户需求

1.3.1　现场勘察

阅读建筑图纸，确定工程范围

与建设方沟通，索取该办公室所在楼宇的建筑图纸，结合现场勘察实际

情况，填报表1.3.1。

表 1.3.1　办公室现场勘察记录表

办公室位置		面积		长×宽×高	
是否有配电箱		配电箱位置			
是否有架空地板		地板是否有涂漆处理			
外部网络连线位置					
是否安装墙面电源插座，插座的数量及位置					

1.3.2　用户需求分析

需求分析是综合布线系统设计的重要工作，对后续工作的顺利开展是非常重要的，也直接影响最终工程造价。应明确和确认工作区的用途和功能，分析这个工作区的需求，规划工作区的信息点数量和位置。在进行需求分析后，要与用户进行技术交流，这是非常必要的。不仅要与技术负责人交流，也要与项目或者行政负责人进行交流，进一步充分和广泛的了解用户的需求，特别是未来的发展需求。在交流中重点了解工作区的用途、工作区域、工作台位置、工作台尺寸、设备安装位置等详细信息，请填报表1.3.2。

表 1.3.2　用户需求调查表

信息需求			信息点数	
工作区域		工作台位置		
工作台尺寸				
信息插座配置	1. 墙面____个　2. 地面____个			
是否安装立式机柜			交换机选型	

1.4　办公室布线方案设计

1. 确定信息点安装位置

信息点的安装位置宜以工作台为中心进行设计，如果工作台靠墙布置时，信息点插座一般设计在工作台侧面的墙面，通过网络跳线直接与工作台上的电脑连接。如果工作台布置在房间的中间位置或者没有靠墙时，信息点插座一般设计在工作台下面的地面，通过网络跳线直接与工作台上的电脑连接。在设计时必须准确估计工作台的位置，避免信息点插座远离工作台。

请绘制信息点安装位置图，图 1.3.1 为一典型集中办公区信息点设计图，仅供参考，你应该根据该办公室的实际情况，绘制该办公室信息点位置设计图。

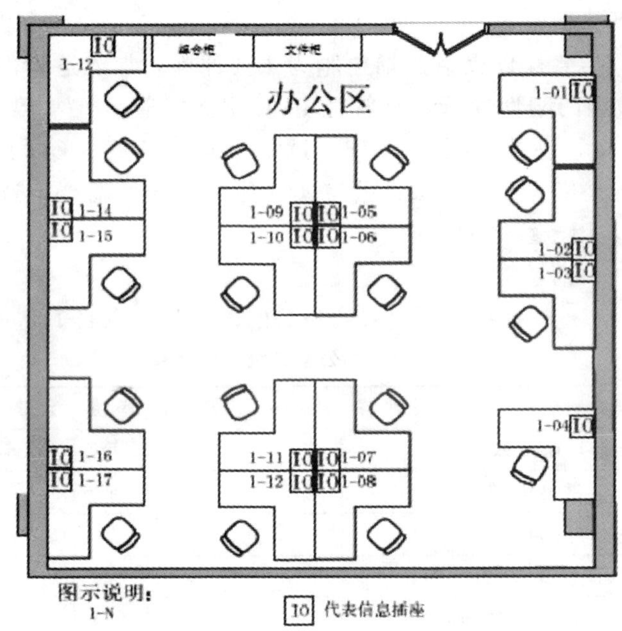

图 1.3.1　集中办公区信息点位置设计

2. 信息点面板与底盒的选择

每个信息点面板的设计非常重要，首先必须满足使用功能需要，然后考虑美观，同时还要考虑费用成本。

3. 架空地板的设计

该集中办公区地板一般采用架空地板（可采用全钢防静电活动地板），为使水泥砂浆地面达到不起尘、不产尘、保证空调送风系统的空气洁净度，地面需要先涮防尘漆做防尘处理。请查阅相关资料，填报表 1.3.3。

表 1.3.3 全钢防静电地板特性

规格尺寸		均布载荷	
系统电阻		极限偏差	
特点			
著名品牌	（请列举三种以上）		

4. 地板下管槽设计

PVC 阻燃导管是以聚氯乙烯树脂为主要原料，加入适量的助剂，经加工设备挤压成型的刚性导管，小管径 PVC 阻燃导管可在常温下进行弯曲。便于用户使用，按外径有：D16、D20、D25、D32、D40、D45、D63、D25、D110 等规格。请按照该办公室实际环境与布线需要，选择合适尺寸的 PVC 线管，用于线缆的穿放。

5. 列出材料清单

根据表 1.3.4 的提示，网上查询相关的资料，完成表 1.3.4 的填报。

表 1.3.4 办公室布线材料清单

序号	材料名称	品牌	型号与规格	单位	数量	单价	小计
1	六类非屏蔽双绞线			箱			
2	信息模块			个			
3	信息面板			个			
4	信息点插座底盒（墙面装）			个			
5	信息点插座底盒（地面装）			个			
6	水晶头			盒			
7	线管			根			

1.5 办公室布线施工

随着计算机应用的普及和数字化城市的快速发展，智能化建筑和综合布线系统已经非常普遍，同时深入影响着人们的生活。综合布线系统是一个非常重要，而且复杂的系统工程，它与智能化建筑的寿命相同，是百年大计。因此综合布线系统的设计和施工技术就显得非常重要，特别是配线端接技术直接影响网络系统的传输速度、传输速率、稳定性和可靠性。在本工作环节，主要是在实训室模拟办公室的布线环境，完成办公室布线施工，强化配线端接技能。

1. 信息底盒安装

安装在地面上的接线盒应防水和抗压，安装在墙面或柱子上的信息插座底盒、多用户信息插座盒及集合点配线箱体的底部离地面的高度宜为 300 mm。如图 1.3.2 所示。

图 1.3.2　底盒安装

2. 线缆布放

从机柜位置开始在线管中穿放到各个信息点的线缆，注意在机柜内应预留 80～100 cm 长度线缆，在底盒预留 10～15 cm 长度的线缆，并对每条线缆作标记。

3. 信息模块安装

信息模块的安装涉及工具的准备、多余线头的处理、剥线、压线等步骤，请写出信息模块安装过程及注意事项，完成信息模块的安装任务，所完成的工作成果必须得到指导教师的认可。

4. 面板安装

安装时将模块卡接到面板接口中。如果双口面板上有网络和电话插口标记时，按照标记口位置安装。

思考：如果双口面板上没有标记时，网络模块与电话模块安装位置如何？

5. 跳线制作

目前，最常用的布线标准有两个，分别是 EIA/TIA T568A 和 EIA/TIA T568B 两种。在一个综合布线工程中，可采用任何一种标准，但所有的布线设备及布线施工必须采用同一标准。通常情况下，在布线工程中采用 EIA/TIA T568B 标准。

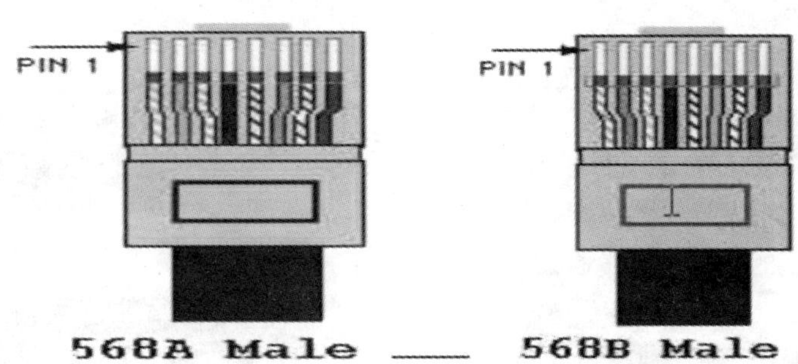

图 1.3.3 T568A 与 T568B 示意图

观察图 1.3.3，填报表 1.3.5。

表 1.3.5 T568B 直通线制作线序

线缆色标	PIN1	PIN2	PIN3	PIN4	PIN5	PIN6	PIN7	PIN8
端 1								
端 2								

（1）跳线制作

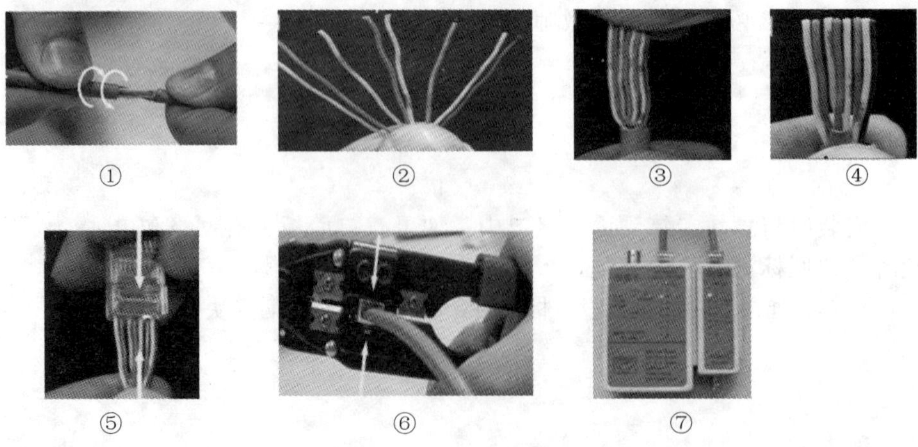

请按上述图中所示的操作步骤制作跳线，并填报表 1.3.6。

表 1.3.6　跳线制作总结

步骤	操作过程中的关键点
①	
②	
③	
④	
⑤	
⑥	
⑦	

（2）跳线连通性测试

使用测试仪对制作好的跳线进行连通性测试，填写表 1.3.7。

表 1.3.7　跳线测试结果

现象	原因
主测试仪与远程测试仪上的 8 个指示灯依次闪烁	
主测试仪和远程测试端对应线号的灯不亮	
主测试仪端连通的远程测试端指示亮灯顺序没有依次变化	
主测试器显示不变，而远程测试端显示两根线灯都亮	
出现红灯或黄灯	

1.6　参考资料推荐

（1）刘省贤．综合布线技术教程与实训．北京：北京大学出版社，2006 年

（2）余明辉．综合布线技术与工程．北京：高等教育出版社，2004 年

（3）岳经伟．综合布线技术与施工．北京：中国水利水电出版社，2005 年

（4）千家论坛 http：//www．1000bbs．com/index．asp？action＝frameon

（5）综合布线网 http：//www．icabling．com/BBS/index．asp

1.7 评价反馈

附表 1_1 学生情感性自评表

班级		姓名		学号				
评价方式：学生自评（情感性评价）								
评价项目	评价标准				评价结果			
					A	B	C	D
明确学习目标和学习任务，制订学习计划	A：明确学习目标和任务，立即讨论制订切实可行的学习计划。 B：明确学习目标和任务，30分钟后开始制订可行学习计划。 C：明确学习目标或者学习任务，制订的学习计划不太可行。 D：不能明确学习目标和学习，基本不能制订学习计划。							
小组学习表现（该项由组长填报）	A：在小组中担任明确的角色，积极提出建设性建议，倾听小组其他成员的意见，主动与小组成员合作完成学习任务。 B：在小组中担任明确的角色，提出自己的建议，倾听小组其他成员的意见，与小组成员合作完成学习任务。 C：在小组中担任的角色不明显，很少提出建议，倾听小组其他成员的意见，被动与小组成员合作完成学习任务。 D：在小组中没有担任明确的角色，不提出任何建议，很少倾听小组其他成员的意见，与小组成员不能很好合作完成学习任务。							
主动学习	A：学习过程与学习目标高度统一，主动参与学习与工作，在规定的时间内出色完成本学习单元的各项任务。 B：学习过程与学习目标相统一，主动参与学习，在规定的时间内完成本学习单元绝大部分任务。 C：学习过程与学习目标基本一致，在他人的帮助下完成所规定的学习与工作任务。 D：参与了学习过程，必须有教师或组长的催促才能进行学习，在规定的时间内只完成本学习单元的部分任务。							
心理承受力（该项由组长填报）	A：自觉对小组和项目负责，有完成重大任务的心理准备。 B：责任心更加经常化、自觉化。 C：能够在小组组长的提醒下完成任务和自我评估成果。 D：能够在教师监督下完成任务和自我评估成果。							
获取与处理信息	A：能够独立地从多种信息渠道收集完成学习与工作任务有用的信息，并将信息分类整理后供他们分享。 B：能够利用学院图书信息源获得完成学习与工作任务有用的信息。 C：能够从教材和教师处获得完成学习与工作任务有用的信息。 D：必须由教师指定特定的教材与特定的范围才能获得信息。							

附表1_2 成果性评价

<table>
<tr><td colspan="6">评价方式：教师评价</td></tr>
<tr><td>评价项目</td><td>评价标准</td><td colspan="4">评价结果</td></tr>
<tr><td rowspan="2">办公室布线初步设计方案（权重20%）</td><td rowspan="2">A：正确分析每个工作区的用途与功能，正确规划信息点数量与位置，信息点数统计表制作准确；初步设计方案有得到另一学习小组的确认与签字。
B：能够分析每个工作区的用途与功能，基本规划了信息点数量与位置，信息点数统计表制作准确；初步设计方案有得到另一学习小组的确认与签字。
C：基本分析了每个工作区的用途与功能，基本规划了信息点数量与位置，信息点数统计表制作有2处以上错误；初步设计方案有得到另一学习小组的确认与签字，但其他小组有提出质疑。
D：无法在规定的时间完成初步设计，经提醒催促后能够上交，设计出现多处错误，经教师指导后能够修改。</td><td>A</td><td>B</td><td>C</td><td>D</td></tr>
<tr><td></td><td></td><td></td><td></td></tr>
<tr><td>办公室布线正式设计方案（权重30%）</td><td>A：能够规范地绘制办公室布线平面布局图，准确标识信息点位置，墙面信息点与地面信息点的选择准确无误；清楚地说明信息点安装位置、信息点面板与底盒安装要求；所列出的材料清单与预算准确、详细；正式设计方案能够得到教师的认可。
B：能够规范地绘制办公室布线平面布局图，能够标识信息点位置，墙面信息点与地面信息点的选择准确无误；基本说明信息点安装位置、信息点面板与底盒安装要求；所列出的材料清单与预算有2处以上错误。
C：能够规范地绘制办公室布线平面布局图，信息点位置标识不符合规范，墙面信息点与地面信息点的选择基本无误；基本说明信息点安装位置、信息点面板与底盒安装要求；所列出的材料清单与预算有4处以上错误。
D：无法在规定的时间完成正式设计，经提醒催促后延迟上交，设计出现多处错误。</td><td></td><td></td><td></td><td></td></tr>
<tr><td>办公室布线实训一（权重20%）</td><td>A：熟练地使用布线工具完成工作区信息底盒、信息面板的安装，安装过程符合规范，面板标识规范；信息模块的压接正确，多余线头有处理，防尘盖正确安装，线缆在底盒中预留长度合适。
B：能够使用布线工具完成工作区信息底盒、信息面板的安装，安装过程符合规范，面板未做标识；信息模块的压接正确，忘记处理多余线头，防尘盖正确安装，线缆在底盒中预留长度合适。
C：虽然能够使用布线工具完成工作区信息底盒、信息面板的安装，但安装过程不符合规范，面板未做标识；信息模块的压接正确，忘记处理多余线头，防尘盖忘记安装，线缆在底盒中预留长度不合适。
D：在规定的时间内只完成上述50%的任务。</td><td></td><td></td><td></td><td></td></tr>
</table>

续表

评价方式：教师评价					
评价项目	评价标准	评价结果			
		A	B	C	D
办公室布线实训二（权重20%）	A：RJ45网络跳线制作线序准确无误，线缆外套在水晶头中的压接符合规范，连通性测试100%通过；线管口径选择正确，在网络综合布线实训装置上所敷设的线管美观，弯角处理得当，线缆穿管时顺利且拉力符合要求。链路测试100%通过，如果未能通过，应能立即查明故障原因并进行修复。 B：RJ45网络跳线制作线序准确无误，线缆外套在水晶头中的压接不符合规范，连通性测试100%通过；线管口径选择正确，能够在网络综合布线实训装置上所敷设的线管，弯角处理稍显毛糙，链路测试未能100%通过，但能立即查明故障原因并进行修复。 C：RJ45网络跳线制作线序有误，线缆外套在水晶头中的压接不符合规范，连通性测试未能100%通过；线管口径选择正确，能够在网络综合布线实训装置上所敷设的线管，弯角处理稍显毛糙，链路测试未能100%通过，在教师的提醒下能查明故障原因并进行修复。 D：在规定的时间内只完成上述50%的任务。				
日常回答问题（权重10%）	A：无迟到、早退、旷课现象，积极主动回答问题，流利正确，能够及时上交本学习单元的学习与工作小结，在小结中能够描述在本单元中专业知识和技能提升情况以及今后的努力目标。 B：无迟到、早退、旷课现象，主动回答问题，基本正确，能够及时上交本学习单元的学习与工作小结，在小结中基本能够描述在本单元中专业知识和技能提升情况以及今后的努力目标。 C：无旷课现象，能及时上交学习总结，但描述不清晰。 D：有旷课现象，虽能上交学习总结，但文档层次不明，结构不清。				

学习任务 2

办公楼布线设计与施工

2.1　学习任务描述

2.1.1　任务背景

某企业新建的综合楼每层的房间数不等，应企业的要求，需为该楼宇进行综合布线系统设计与施工。要求把大楼的通信系统设计成易于维护、更换和移动的配置结构，以适应通信系统及设备在未来发展的需要。请与建设方进行沟通，分析建设方的实际需求，做出该办公大楼的布线与施工方案并得到用户的认可。

1. 设计方以建设方提供的数据为依据，经过现场勘察，充分理解企业建筑近期和将来的通信需求后，得出信息点估算数量和信息点分布情况，分析结果必须得到建设方的确认；

2. 按照“先进性、可扩展性、高可靠性、标准化、经济性、实用性”原则，根据企业应用需求，进行工作区子系统、水平布线子系统、管理区子系统、垂直干线子系统的设计，具体实现功能如下：

（1）水平子系统应根据楼层用户类别及工程的近、远期终端设备要求，充分考虑终端设备将来可能产生的移动、修改与重新安排；应根据现场的实际情况与用户对环境的要求确定合适的水平布线路由，选择合适的线槽敷设方式；

（2）尽量在每一楼层都设立一个管理间，用来灵活地管理该层的信息点；

（3）根据楼宇的具体建筑情况选择干线电缆最短，最安全、最经济的垂直系统布线路由；

（4）需要给建设方提供性价比较高的垂直子系统的布线材料的选择方案。干线电缆宜采用点对点端接，大楼与配线间的每根干线电缆直接延伸到指定的楼层配线间；

(5) 以开放式为基准，尽量与大多数厂家产品和设备兼容。

该办公楼综合布线工程项目需进行公开招标，综合布线工程发包方作为招标人，你与你的团队作为单位的技术负责人，应该准备相关的资料，撰写招标书，通过发布招标公告或者向一定数量的特定承包人发出招标邀请等方式发出招标的信息，提出项目的性质、数量、质量、工期、技术要求以及对承包人的资格要求等招标条件，表明将选择最能满足要求的承包人与之签订合同的意向。

根据公司的业务范围与公司发展的需要，作为系统集成公司或网络公司的一名企业主管、项目经理或商务代表，及时获取相关的工程招标信息，根据招标方的要求，向招标人书面提出自己对拟建办公楼综合布线工程项目的报价及其他响应，参与投标竞争。

2.1.2 学习目标

根据用户办公楼的实际应用需求，进行现场勘察，做出该办公楼的布线方案并进行施工。针对该项目工程，编制招投标方案。通过本课业的学习，你应该能够：

1. 与建设方沟通，获取该办公楼的建筑工程图纸，根据图纸进行现场勘察，撰写勘察报告；
2. 根据建筑物的实际情况，选择最合理的布线路径，绘制布线路由图；
3. 做出办公楼综合布线需求分析，并与用户进行沟通，确认初步设计方案；
4. 在教师的指导下进行水平子系统、管理间子系统、垂直子系统的规划与设计；
5. 在教师指导下制定大楼施工方案，熟练进行管槽的敷设、线缆的敷设与端接、机柜安装、网络设备安装、标签制作、跳线配置和管理等；
6. 独立查阅典型的招投标方案，分析该方案的优势与不足之处；
7. 根据办公楼综合布线工程项目，制作招标书与投标书；
8. 能够在班级中有效地展示小组制作的招投标书，分析招投标方案的优势与不足。

2.1.3 任务说明

根据现场勘察结果与用户的沟通，撰写办公楼布线用户需求报告，在报告中应包含设计等级、用户信息需求分析、用户信息业务种类等；按照工作区子系统、水平布线子系统、管理区子系统、垂直子系统的设计原则，结合用户的实际需求，做出该楼宇布线设计与施工方案；列出该楼宇布线材料清单与初步预算，要求该预算中应包含施工人工费用。划分学习小组，每个小组以 4～5 名学生为宜，推举一名组长，由组长进行成员的分工，完成教师下达的学习任务，在该学习任务中，建议你们在各学习环节中轮流担任学习组长。

表 2.1　本课业包含的工作环节及建议学时数

序号	工作环节	建议学时数
1	现场勘察，分析用户需求	4
2	办公楼布线设计	8
3	办公楼布线施工	4
4	综合布线工程招标	6
5	综合布线工程投标	6
	小计	28

2.2　学习准备

1. 通过查阅相关的资料，认知综合布线常用的术语及缩略词。

表 2.2.1　综合布线常用术语与缩略词

术语及缩略词	相关描述
楼层配线间	
信道	
永久链路	
水平缆线	
交接	
BD	
FD	
CD	
TO	
TE	
FTTB	

2. 水平子系统的布线距离的计算

要计算整座楼宇的水平布线用线量，首先要计算出每个楼层的用线量，然后对各楼层用线量进行汇总即可。每个楼层用线量的计算公式如下：

$$C=[0.55(F+N)+6]\times M$$

其中，C 为每个楼层用线量，F 为最远的信息插座离楼层管理间的距离，N 为最近的信息插座离楼层管理间的距离，M 为每层楼的信息插座的数量，6 为端对容差（主要考虑到施工时线缆的损耗、线缆布设长度误差等因素）。

3. 布线拉力

线缆布放时，拉力过大，线缆变型，会破坏电缆对绞的匀称性，将引起线缆传输性能下降。查阅相关资料，完成表 2.2.2 填报。

表 2.2.2　布线允许的最大拉力

线缆根数	最大允许拉力
一根 4 对线电缆	
二根 4 对线电缆	
三根 4 对线电缆	
N 根 4 对线电缆	

4. 线管可放线缆的最大条数表

请查阅相关资料，完成表 2.2.3 的填报。

表 2.2.3　线管规格型号与容纳的双绞线最多条数表

线管类型	线管规格/mm	容纳双绞线最多条数	截面利用率
PVC、金属	16		30%
PVC	20		30%
PVC、金属	25		30%
PVC、金属	32		30%
PVC	40		30%
PVC、金属	50		30%
PVC、金属	63		30%
PVC	80		30%
PVC	100		30%

5. RJ45 模块化配线架

RJ45 模块化配线架主要用于网络综合布线系统，它根据传输性能的要求分为 5 类、超 5 类、6 类模块化配线架。配线架前端面板为 RJ45 接口，可通过 RJ45-RJ45 软跳线连接到计算机或交换机等网络设备。

6. 管理间壁挂式机柜

对于管理间子系统来说，多数情况下采用 6U-12U 壁挂式机柜，一般安装在每个楼层的竖井内或者楼道中间位置。查阅相关资料，完成表 2.2.4 填报。

表 2.2.4　壁挂式网络机柜参数

U 数	高 X 宽 X 深	门及门锁	材料及工艺	附加功能
6U				
9U				
12U				

7. 垂直子系统线缆容量的计算

在确定每层楼的干线类型和数量时，都要根据楼层水平子系统所有的各个语音、数据、图像等信息插座的数量来进行计算的。具体计算的原则如下：

（1）语音干线可按一个电话信息插座至少配 1 个线对的原则进行计算；

（2）电缆干线按 24 个信息插座配 2 对对绞线，每一个交换机或交换机群配 4 对对绞线；光缆干线按每 48 个信息插座配 2 芯光纤。

（3）当楼层信息插座较少时，在规定长度范围内，可以多个楼层共用交换机。

根据前面的需求分析，设该办公楼其中第六层有 60 个计算机网络信息点，各信息点要求接入速率为 100 Mbps，另有 45 个电话语音点，请确定该建筑物第六层的干线电缆类型及线对数。请完成方案的确定并填报以下空格。

①60 个计算机网络信息点要求该楼层应配置__________台 24 口交换机，交换机之间可通过堆叠或级联方式连接，最后交换机群可通过__________条 4 对超 5 类非屏蔽双绞线连接到建筑物的设备间。因此计算机网络的干线线缆配备__________4 对超 5 类非屏蔽双绞线电缆。

②40 个电话语音点，主干电缆应为 45 对。根据语音信号传输的要求，主干线缆可以配备一根 3 类__________对非屏蔽__________电缆。

2.3 现场勘察，分析用户需求

由于智能化的性质和功能不同，对信息业务种类的需求有可能增加或减少。目前，智能建筑的布线系统一般用于语音、数据、图像和监控等业务信息。随着技术的应用的成熟，会有更多新的子系统进入智能建筑中。在确定工程范围与信息种类需求时，应从技术可行性、经济合理性、工程实施及维护管理上权衡考虑。

2.3.1 现场勘察

收集、确认相关的工程历史资料，如果建设方存有建筑物的图纸，请先查阅建筑物图纸，小组成员分工合作，邀约建设方技术负责人，进行现场勘察。严格遵守 GB50311-2007 的要求，准确使用综合布线规范术语和符号，合理确定并准确标注施工关键点；根据现场勘察结果，填报表 2.3.1～表 2.3.4 的填报。

表 2.3.1 楼宇建筑情况

楼层	房间数	工作区编号规则	各房间面积
		……	
		……	
……			
是否有地下室			

表 2.3.2 楼宇吊顶情况

楼层	编号	吊顶是否可以打开	吊顶高度（m）	吊顶距梁的高度（m）
……				

表 2.3.3　楼宇竖井情况

<table>
<tr><td>竖井位置</td><td>竖井是否有楼板</td><td>竖井内中其他线路</td></tr>
<tr><td></td><td></td><td></td></tr>
<tr><td colspan="3">如果没有可用的电缆竖井，应与建设方技术负责人商定垂直槽道位置，并进行相应的说明。</td></tr>
<tr><td colspan="3">垂直槽道位置说明：</td></tr>
</table>

表 2.3.4　楼层配线间情况

<table>
<tr><td>楼层</td><td>楼层配线间位置</td><td>配线间离最远端
信息点距离</td><td>配线间离最近端
信息点距离</td></tr>
<tr><td></td><td></td><td></td><td></td></tr>
<tr><td></td><td></td><td></td><td></td></tr>
<tr><td>……</td><td></td><td></td><td></td></tr>
<tr><td colspan="4">如果楼层没有可用的配线间，应与建设方技术负责人商定楼层机柜的放置位置，并进行相应的说明。</td></tr>
<tr><td colspan="4">楼层机柜放置位置说明：</td></tr>
</table>

2.3.2 用户需求分析

1. 用户信息业务种类需求分析

智能化建筑每个楼层的使用功能往往不同，甚至同一个楼层不同区域的功能也不同，有多种用途和功能，这就需要针对每个楼层，甚至每个区域进行分析和设计。

表 2.3.5 用户信息业务种类需求

信息业务	是/否	信息业务	是/否
语音与数据		图像通信系统	
闭路监控		防盗报警	
可视对讲		电子门禁	
楼宇自控系统		卫星电视接收系统	

综合性信息点的估算较为复杂，目前尚无完全准确反映实际情况的确定标准。除了通常按建筑面积的估算方法外，还可以根据建筑性质，按其内部具体单位数量来估算，或采取人员数量和建筑面积相结合的方法进行估算。请查阅相关参考指标，对企业建筑的信息点进行估算，并把结果汇报给建设方的技术负责人。

表 2.3.6 该办公楼信息点估算

楼层	房间数	数据点	语音点	监控	备注
……					
合计					

2. 撰写该办公楼布线需求报告（该需求报告以附件形式上交）

建议该报告应至少包含：

（1）工程概况；

（2）建筑物情况；

（3）用户对信息业务的要求；

（4）该大楼信息点估算；

（5）用户对该大楼综合布线系统总体要求。

2.4　办公楼布线设计

2.4.1　水平子系统布线设计

水平子系统设计范围较分散，遍及整个建筑的每一个楼层，且与房屋建筑结构和其他线槽系统有着密切的关系。因此，在进行水平子系统设计的过程中，应重点关注水平布线路由、线缆的选型与计算、管槽的敷设方式。

1. 阅读建筑物图纸

通过阅读建筑物图纸掌握建筑物的土建结构、强电路径、弱电路径，特别是主要电器设备和电源插座的安装位置，重点掌握在综合布线路径上的电器设备、电源插座、暗埋管线等。在阅读图纸时，进行记录或者标记，请回答如下问题：

水平子系统布线与电路、水路、气路和电器设备是否有直接交叉或者路径冲突问题？

2. 确定布线距离

按照 GB50311-2007 国家标准的规定，水平子系统属于配线子系统中，对于缆线的长度做了统一规定，请完成图 2.4.1 的填报。

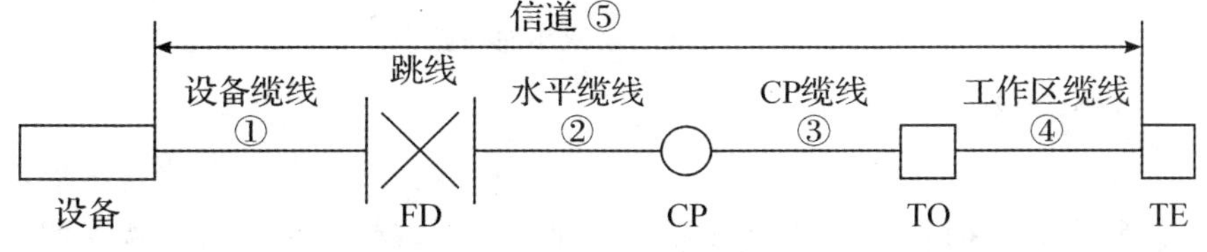

图 2.4.1　配线子系统缆线划分

其中：①处最长距离为__________m，②处最长距离为__________m，③处最长距离为__________m，④处最长距离为__________m，⑤处最长距离为__________m。

根据办公楼信息点的实际位置，完成表 2.4.1 的填报。

表 2.4.1　办公楼信息点水平布线距离

楼层	工作区	工作区编号	最长距离	最短距离
一层	工作区 1			
	工作区 1			
	……			
二层	工作区 1			
	工作区 1			
	……			
……	……			

3. 绘制楼层水平布线路由图（图 2.4.2 为某高校实训室水平路由示意图，供参考）

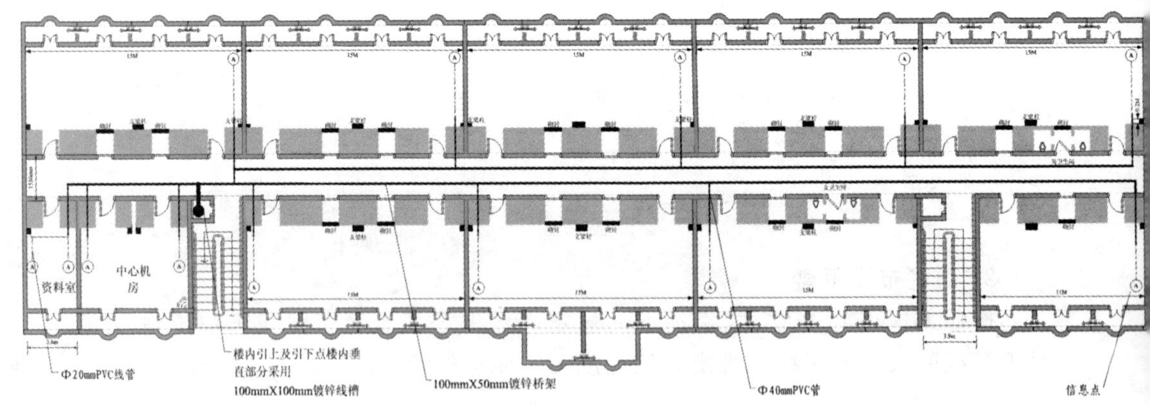

图 2.4.2　某楼层水平布线路由图

4. 管槽缆线布放设计

在水平布线系统中，缆线必须安装在线槽或者线管内。在建筑物墙或者地面内暗设布线时，一般选择线管，不允许使用线槽。在建筑物墙面明装布线时，一般选择线槽，很少使用线管。选择线管时，建议使用满足布线根数需要的最小直径线管，这样能够降低布线成本。

企业该办公楼为新建筑物，设计时宜采取墙内暗埋管线，暗管的转弯角度应大于90度，在路径上每根暗管的转弯角度不得多于2个，并不应有S弯出现，有弯头的管段长度超过20 m时，应设置管线过线盒装置；采用墙面插座向上垂直埋管到横梁，然后在横梁内埋管到楼道本层墙面出口。请根据表2.3.2选择合适的PVC线管，绘制同层水平子系统暗埋管示意图，图2.4.3为某一工作区水平子系统暗埋管示意图，供参考。

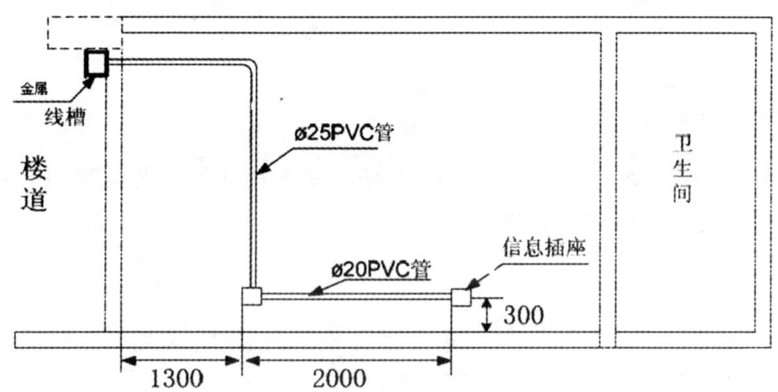

图 2.4.3　水平子系统暗埋管示意

企业该办公大楼楼道布线采用金属桥架，如图2.4.4所示（该图供参考）。

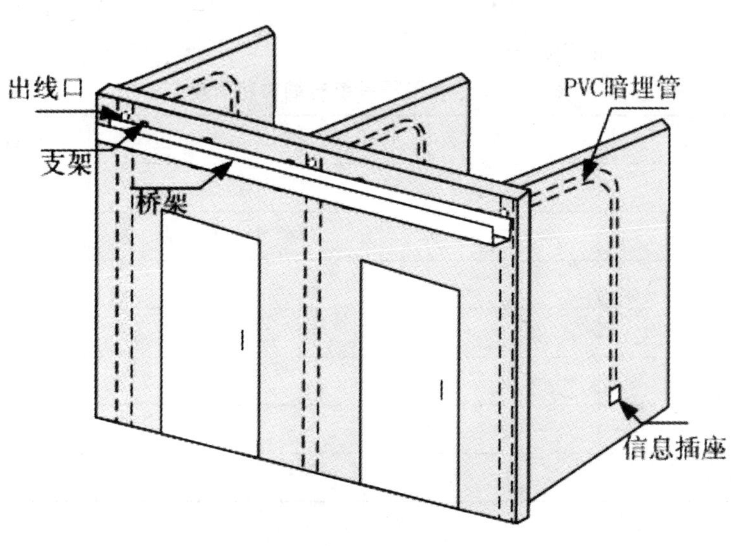

图 2.4.4　楼道安装桥架布线

思考 1：如果某楼层信息点数并不多，采用金属桥架进行楼道布线，显然投资较高，你会采用何方式进行楼道布线，请参考图 2.4.4，画出该方式楼道布线方式。

思考 2：在对该大楼进行布线设计时，发现几处需加装信息点，但土建时没有暗埋线管，该如何处理?

5. 水平子系统布线材料统计

表 2.4.2　水平子系统布线材料清单

材料名称	品牌	型号与规格	单位	数量
……				

2.4.2　管理间子系统布线设计

1. 管理间编号

根据信息点的分布、数量与管理方式，请分析是否每个楼层设置独立的配线间或是几个楼层共用一个配线间，确定楼层配线架的位置和数量，填报表2.4.3。

表2.4.3　楼层管理间编号

楼层	管理间位置	编号	机柜、机架安装方式
……			

2. 设备选型

表2.4.4　管理间子系统设备选型清单

设备与材料名称	品牌	型号与规格	单位	数量
机柜				
网络配线架				
语音跳线架				
理线架				
……				

3. 绘制机柜安装图

图 2.4.5 为一典型建筑物竖井内机柜安装示意图，供参考。

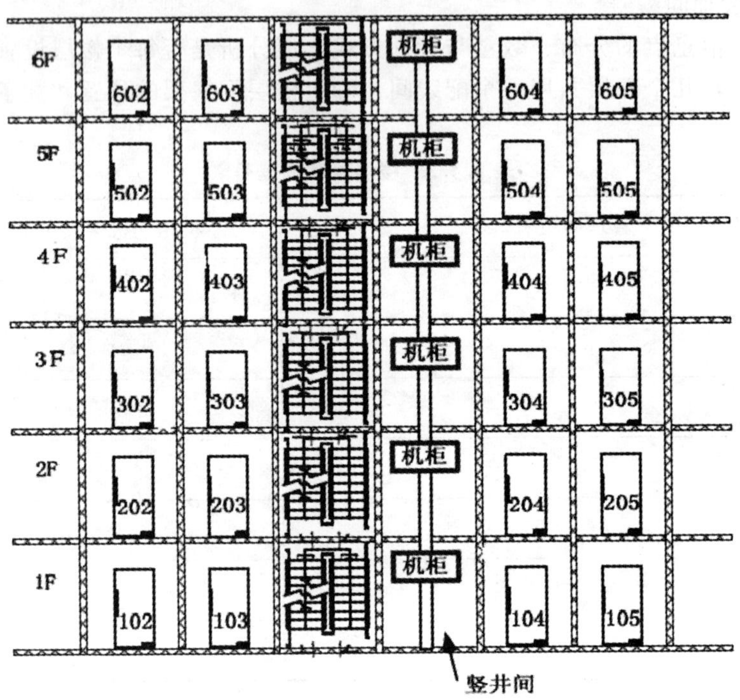

图 2.4.5 建筑物竖井内安装网络机柜

4. 编号与标记

管理子系统是综合布线系统的线路管理区域，该区域往往安装了大量的线缆、管理器件及跳线，为了方便以后线路的管理工作，管理子系统的线缆、管理器件及跳线都必须做好标记，以标明位置、用途等信息。完整的标记应包含以下的信息：建筑物名称、位置、区号、起始点和功能。请设计管理间子系统标记管理方案。

2.4.3 垂直子系统设计

1. 确定干线线缆类型及线对

垂直子系统线缆主要有铜缆和光缆两种类型，具体选择要根据布线环境的限制和用户对综合布线系统设计等级的考虑。按照企业办公大楼的实际需求，计算机网络系统的主干线缆选用＿＿＿＿＿＿＿＿，电话语音系统的主干电缆可以选用＿＿＿＿＿＿＿＿，有线电视系统的主干电缆一般采用＿＿＿＿＿＿＿＿。

2. 垂直子系统路径的选择

垂直子系统主干缆线应选择最短、最安全和最经济的路由。路由的选择要根据建筑物的结构以及建筑物内预留的电缆孔、电缆井等通道位置而决定。从现场勘察你可以确定了是采用开放型通道、封闭型通道还是另设明装布线通道。

3. 干线线缆的端接方式设计

干线电缆可采用点对点端接，也可采用分支递减端接以及电缆直接连接。根据建筑物实际情况，确定垂直干线路由与端接方式，绘制布线端接图（图 2.4.6 为某楼宇线缆点对点端接方式示意图，供参考）。

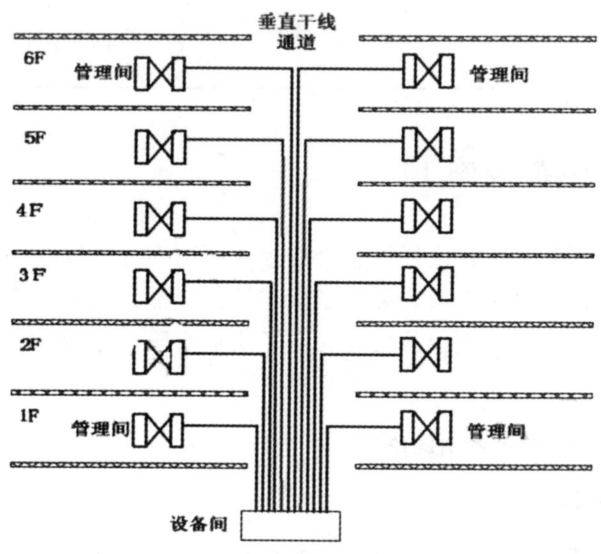

图 2.4.6 某楼宇点对点端接示意图

4．确定干线子系统通道规模

根据该办公楼综合布线系统所要覆盖的可用楼层面积，确定干线子系统通道规模，填报表2.4.5。

表2.4.5　办公楼干线子系统通道确定

信息点与配线间情况	措施
信息点与配线间距离均在合理距离内	
部分信息点与配线间距离超过合理距离内	
可能有不对齐的楼层配线间	

5．列出垂直子系统材料清单

表2.4.6　垂直子系统材料清单

材料名称	品牌	型号与规格	单位	数量
……				

2.5　办公楼布线施工

在本工作环节中，将依托校企合作企业，由企业兼职教师带领学生到企业实际工程项目中跟班实习，强化学生布线的技能。部分学生将在学校综合布线实训室里（本实训室由西安开元电子实业有限公司设计并安装）完成仿真施工。

2.5.1　水平子系统布线施工

1．桥架安装

（1）确定楼道桥架安装高度并且画线；

（2）按照每米2～3个，安装膨胀螺栓和吊杆，安装L型支架或者三角形支架；

（3）安装挂板和桥架，同时将桥架固定在挂板上；

（4）最后在桥架开孔。

通过以上的工作，请总结在桥架安装过程中，请使用到的工具及安装注意事项。

总结：

使用到的工具：

安装注意事项（含施工安全操作注意事项）：

桥架布线过程技术要点及注意事项：

暗埋线管穿线的方法及注意事项：

2.5.2　管理间子系统布线施工

1. 机柜内设备的安装

在设备安装之前，首先要进行设备位置规划或按照图纸规定确定位置，统一考虑机柜内部的跳线架、配线架、理线环、交换机等设备。同时考虑配线架与交换机之间跳线方便。请画出机柜安装设备位置图，图 2.5.1 为某企业楼层配线间机柜示意图，供参考。

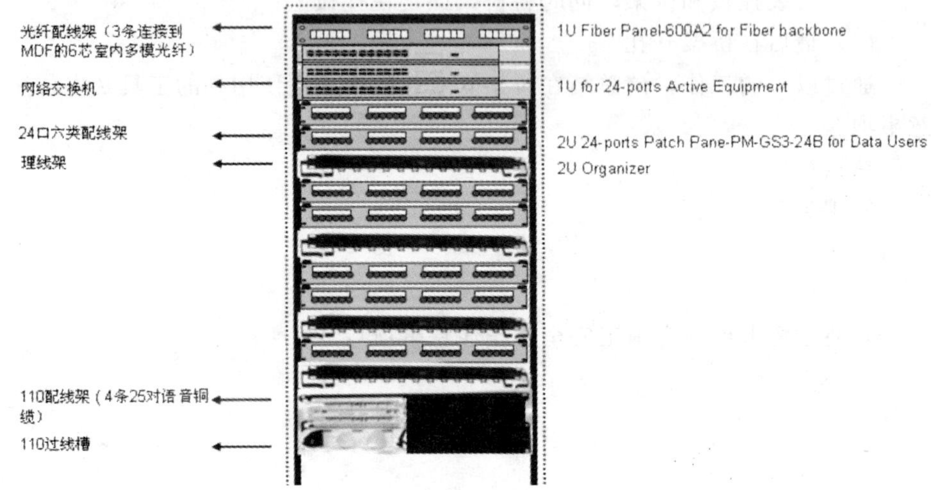

图 2.5.1　某企业配线间机柜设备安装示意图

2. 配线架安装

请注意现场线缆进入机柜的方式，合理安排配线架的位置。完成配线架的安装、理线、端接打线、做好标记，插上标签条。请总结出通信跳线架模块和网络配线架模块的端接经验。

3. 交换机的安装（该部分的工作在其他课程中有涉及，本课程不再重复）

4. 理线架的安装与机柜理线

图 2.5.2 为某企业机柜理线后的情况，机柜的理线是否美观与整齐体现一个公司结工程项目施工过程中的态度，但该环节容易往往被忽略。当然，你们在第一次进行机柜理线时不可能做到图 2.3.7 中的效果，但你与你的团队应该尽量做到精益求精。请拍下你的团队设备安装后及理线后机柜内部的照片，以供成果展示用。

图 2.5.2　机柜理线

2.5.3　垂直子系统布线施工

1. 电缆井方式布线

在新建的建筑物中，一般采用电缆竖井方式布。每层楼板上开出一些方孔，一般宽度为 30 cm，并有 2.5 cm 高的井栏，具体大小要根据所布线的干线电缆数量而定，如图 2.5.3 所示。电缆是捆扎或箍在支撑用的钢绳上，钢绳靠墙上的金属条或地板三角架固定。离电缆井很近的墙上的立式金属架可以支撑很多电缆。

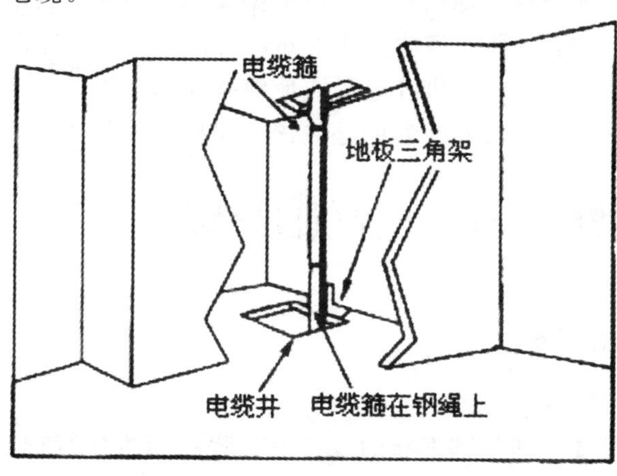

图 2.5.3　电缆井垂直布线方式

思考1：如果你承接的是一个没有竖井的建筑物的垂直子系统布线任务，你该如何处理，小组讨论，设计布线方案。

2. 线缆的布放

在竖井中敷设垂直干线一般有两种方式：向下垂放电缆和向上牵引电缆。请查阅相关资料，比较这两种方式线缆布放的过程及优缺点。

表 2.5.1　两种垂直干线电缆布放比较

	向下垂放电缆	向上牵引电缆
布放过程		
优点		
缺点		

3. 线缆的捆扎

对绞电缆、光缆及其他信号电缆应根据缆线的类别、数量、缆径、缆线芯数分束绑扎。绑扎间距不宜大于 1.5 m，间距应均匀，防止线缆因重量产生拉力造成线缆变形，不宜绑扎过紧或使缆线受到挤压。

在绑扎缆线的时候特别注意的是应该按照楼层进行分组绑扎。

2.6　办公楼综合布线工程项目招标

2.6.1　招标准备

1. 招标条件审视

查阅国家计委、建设部发布的《建设工程招标投标暂行规定》，审视本单位工程项目的招标条件，并做应答。

（1）工程建设项目批准情况

（2）设计文件批准情况

（3）建设资金情况

2. 招标机构的成立

成员名单：

2.6.2　招标文件的编制

标书是整个招标最重要的一环，标书必须表达出使用单位的全部意愿，不能有疏漏。

针对企业园区网的综合布线招标，请编制招标书。建议按以下章节进行编制。

第一部分　投标须知

一、说明

1. 项目说明
2. 招标内容

二、供应商资质条件

本部分可加入独立完成相关项目的业绩，提供合同复印件；相关资质要求。

三、完工时间、付款及投标保证金

本部分主要说明项目完工时间、付款方式（应注明付款的批次与时间）

四、投标注意事项

本部分主要说明施工地点、招标文件发售日期、招标文件售价、投标地点、联系人、投标截止日期等。

五、投标书的编制规范

本部分主要描述对投标文件编制的文字、度量单位规范。

六、投标企业资格证明文件

本部分主要说明要求投标文件提供什么证明，如营业执照、企业资质证书、若投标人提供的产品及服务不是投标人生产或拥有的，则必须得到产品制造商和/或技术拥有者提供该种产品的正式授权、法人代表授权书和身份证复印件、产品样品或说明书等相关技术资料。

七、投标书的递交

本部分主要描述投标书递交方式与要求、递交截止时间及废标的情况。

八、开标与评标

本部分主要说明开标的时间及评标的方式。

九、合同签订

中标单位收到中标通知后，按通知书规定的时间签订设备供货合同。

第二部分　技术要求及附件

该部分是取重要的部分，应尽量写得详细与明了。建议包含以下内容

一、综合布线

1.1　综合布线系统的目标

1.2　系统设计原则及依据

1.3　项目要求和分析

1.3.1　基本情况

1.3.2　线缆设计遵循的标准

1.3.3　楼层信息点分布统计

1.4　设计方案

1.4.1　各个子系统子系统（要说明子系统的设计原则，下同）

1.4.2　材料与设备清单

这里一定在准确说明材料与设备的名称、详细技术指标、数量

二、测试与验收

说明测试的方式与验收方式

三、技术支持与服务条款

四、售后服务条款

第三部分　商务部分要求

1. 合同一般条款

（请参考典型方案，写出该部分）

2. 授权书

（请参考典型方案，写出该部分）

3. 投标保函

（请参考典型方案，写出该部分）

4. 交工验收证书

（请参考典型方案，写出该部分）

5. 投标单位承诺

（请参考典型方案，写出该部分）

6. 报价说明

（请参考典型方案，写出该部分）

7. 投标人的资格文件

（主要包含投标单位基本情况表、财务状况表、拟投入本工程的人员简历表、关键人员的资质要求等）

第四部分　评审标准

（主要描述评审阶段、评审程序、需附上技术评审项目与评分要求、商务评审项目与评分

2.6.3　认知招标采购程序

请查阅相关资料，简单描述该程序的关键点。

1. 发出采购公告

2. 供应商资格评审

3. 如开标前会与发售招标文件

4. 投标

5. 开标

6. 评标

7. 发出中标通知，签订合同

2.7 办公楼综合布线工程项目投标

2.7.1 投标准备

1. 获取招标信息

团队讨论，请叙述通过什么途径可以获取各类工程招标信息。

2. 投标质询与策略选择

(1) 投标决策分析

说明：作为承包商必须对投标项目有所选择，除非工程项目较大，但一般不以书面形式做出分析，请小组讨论，从可行性、赢利性、现实性等方面做出决策，在以下空白处简单记录你们团队讨论的内容及决定。

(2) 与用户的技术交流，获取工程详细情况

请简单列出你的团队准备与发包方技术交流的要点。

3. 选定投标设备与产品，进行询价

4. 准备各类商务文件

2.7.2 投标文件编制

制作投标文件是招标活动中最重要的一环，请你与你的团队对招标文件提出的实质性要求和条件做出响应和条件作出响应，编制投标文件。建议投标文件包含以下几个部分。

（1）投标书编制

建议按以下章节进行编制：

封面
公司简介
（目录）
正文部分可包含以下内容：
第一章　项目概况
第二章　布线系统设计方案
2.1　设计思想
2.2　设计原则
2.3　系统总体设计
第三章　系统详细设计
3.1　工作区子系统设计
3.2　水平子系统设计
3.3　管理间子系统设计
3.4　垂直子系统设计
3.5　设备间子系统设计
3.6　建筑群子系统设计
第四章　布线系统的安装施工
4.1　部件的安装
4.2　双绞线的实施
4.3　光缆线路工程安装
4.4　安装铜质电缆时的标记识别
4.5　管槽的敷设
第五章　项目实施与工程管理
5.1　产品订货与工程准备
5.2　到货与验货
5.3　项目实施阶段
第六章　系统测试与工程验收
6.1　系统测试简述
6.2　系统初验
6.3　工程验收
第七章　质量保证与售后服务
7.1　方针策略
7.2　方案措施
7.3　保修期内的服务
7.4　保修期后的服务
7.5　其他服务
7.6　质量保证体系
7.7　文档归类与整理

（2）营业执照
（3）投标一览表
（4）投标分项报价表
（5）货物说明一览表
（6）技术规格偏离表
（7）商务条款偏离表
（8）法人代表授权书
（9）资格声明
（10）资质证书
（11）售后服务说明书
（12）产品相关资料
（13）各种注册证、许可证、认证等商务证书复印件

2.8 参考资料推荐

1. 王公儒. 网络综合布线系统工程技术. 北京：机械工业出版社，2009 年；

2. 余明辉. 综合布线技术与工程. 北京：高等教育出版，2004 年；

3. 刘省贤. 综合布线技术教程与实训. 北京：北京大学出版社，2006 年；

4.《建筑与建筑群综合布线系统工程设计规范》（GB/T50311-2007）；

5.《智能建筑设计标准》（GB/T50314-2000）；

6. 综合布线网 http：//www. icabling. com/BBS/index. asp；

7. 千家综合布线网 http：//www. cabling-system. com/；

8. 中国弱电之家网 http：//www. 01ruodian. com/；

9. 中国智能建筑信息网 http：//www. ib-china. com/。

2.9 评价反馈

附表2_1　学生情感性自评表

班级		姓名		学号			
评价方式：学生自评（情感性评价）							
评价项目	评价标准	评价结果					
		A	B	C	D		
小组学习表现（该项由组长填报）	A：在小组中担任明确的角色，积极提出建设性建议，倾听小组其他成员的意见，主动与小组成员合作完成学习任务。 B：在小组中担任明确的角色，提出自己的建议，倾听小组其他成员的意见，与小组成员合作完成学习任务。 C：在小组中担任的角色不明显，很少提出建议，倾听小组其他成员的意见，被动与小组成员合作完成学习任务。 D：在小组中没有担任明确的角色，不提出任何建议，很少倾听小组其他成员的意见，与小组成员不能很好合作完成学习任务。						
主动学习	A：学习过程与学习目标高度统一，主动参与学习与工作，在规定的时间内出色完成本学习单元的各项任务。 B：学习过程与学习目标相统一，主动参与学习，在规定的时间内完成本学习单元绝大部分任务。 C：学习过程与学习目标基本一致，在他人的帮助下完成所规定的学习与工作任务。 D：参与了学习过程，必须有教师或组长的催促才能进行学习，在规定的时间内只完成本学习单元的部分任务。						
心理承受力（该项由组长填报）	A：自觉对小组和项目负责，有完成重大任务的心理准备。 B：责任心更加经常化、自觉化。 C：能够在小组组长的提醒下完成任务和自我评估成果。 D：能够在教师监督下完成任务和自我评估成果。						

续表

评价方式：学生自评（情感性评价）					
评价项目	评价标准	评价结果			
		A	B	C	D
小组讨论与汇报	A：能够代表小组用标准普通话以符合专业技术标准的方式汇报、阐述小组学习与工作计划和方案，并在演讲的过程中恰当地配合肢体语言，表达流畅、富有感染力。 B：能够代表小组用普通话以符合专业技术标准的方式汇报、阐述小组学习与工作计划和方案，表达清晰、逻辑清楚。 C：能够汇报小组学习与工作计划和方案，表达不够简练，普通话不够准确。 D：不能代表小组汇报与表达，语言不清，层次不明。				
获取与处理信息	A：能够独立地从多种信息渠道收集完成学习与工作任务有用的信息，并将信息分类整理后供他们分享。 B：能够利用学院图书信息源获得完成学习与工作任务有用的信息。 C：能够从教材和教师处获得完成学习与工作任务有用的信息。 D：必须由教师指定特定的教材与特定的范围才能获得信息。				

附表2_2　成果性评价

评价方式：教师评价					
评价项目	评价标准	评价结果			
		A	B	C	D
办公楼布线用户需求报告（权重10%）	A：能够准确反映用户对办公楼布线的需求，设计等级、用户信息业务种类等信息分析完整正确，需求报告有得到另一学习小组的确认与签字。 B：能够反映出用户对办公楼布线的需求，设计等级、用户信息业务种类等信息分析基本正确，需求报告有得到另一学习小组的确认与签字。 C：基本反映出用户对办公楼布线的需求，设计等级、用户信息业务种类等信息分析不完整，需求报告有得到另一学习小组的确认与签字，但其他小组有提出质疑。 D：无法在规定的时间完成需求报告，经提醒催促后能够上交，对用户的需求分析出现3处以上的错误。				
水平子系统设计方案（权重15%）	A：水平子系统布线路由选择合理，能够根据现场环境与用户需求选择合理的管槽敷设方式，线缆布线长度计算准确，材料规格和数量统计准确，设计方案能够得到教师与其他小组的认可。 B：水平子系统布线路由选择合理，能够根据现场环境与用户需求选择合理的管槽敷设方式，线缆布线长度计算基本准确，材料规格和数量统计出现2处以上的偏差，设计方案能够得到教师与其他小组的认可。 C：水平子系统布线路由选择基本合理，能够根据现场环境与用户需求选择合理的管槽敷设方式，线缆布线长度计算不准确，材料规格和数量统计出现4处以上的偏差，设计方案经修改后能够得到教师与其他小组的认可。 D：无法在规定的时间完成设计，经提醒催促后延迟上交，设计出现多处错误。				
管理间子系统设计（权重15%）	A：合理地选择管理间子系统机柜、语音配线架、网络配线架、理线架，标识方案合理，楼层配线交接管理方式合理。 B：能够较合理地选择管理间子系统机柜、语音配线架、网络配线架、理线架，但未做标识方案，楼层配线交接管理方式合理。 C：在选择管理间子系统机柜、语音配线架、网络配线架、理线架过程中有一处的设备选型不合理，未做标识方案，楼层配线交接管理方式合理。 D：无法在规定的时间完成设计，经提醒催促后延迟上交，设计出现多处错误。				

续表

评价方式：教师评价					
评价项目	评价标准	评价结果			
		A	B	C	D
垂直子系统设计（权重10%）	A：合理地选择干线路由，线缆类型的选择能体现实际应用需求，正确选择线缆的端接方式，能够较好地进行干线电缆布放与保护设计。 B：合理地选择干线路由，线缆类型的选择可行但未能体现实际应用需求，正确选择线缆的端接方式，没有进行干线电缆布放与保护设计。 C：合理地选择干线路由，线缆类型的选择可行但未能体现实际应用需求，线缆的端接方式选择有误，没有进行干线电缆布放与保护设计。 D：无法在规定的时间完成设计，经提醒催促后延迟上交，设计出现多处错误。				
办公楼布线施工（权重20%）	A：熟练安装楼层网络配线架、语音配线架，在网络综合布线实训装置上所敷设的线管美观，弯角处理得当，熟练进行配线架的打线，标记清晰，线缆穿管时顺利且拉力符合要求。链路测试100%通过。 B：能够熟练安装楼层网络配线架、语音配线架，在网络综合布线实训装置上所敷设的线管弯角处理稍显毛糙，熟练进行配线架的打线，但没有做相关的标记，链路测试未能100%通过，但能立即查明故障原因并进行修复。 C：能够安装楼层网络配线架、语音配线架，在网络综合布线实训装置上所敷设的线管弯角处理稍显毛糙，能进行配线架的打线，但没有做相关的标记，链路测试未能100%通过，在教师的提醒下能查明故障原因并进行修复。 D：在规定的时间内只完成上述50%的任务。				
招标文件（权重10%）	A：全面反映使用单位的需求，根据可行性报告、技术经济分析确定技术要求，商务条件充分并切合实际，标书中没有歧视性条款，文件内容完整。 B：能够反映使用单位的需求，根据可行性报告、技术经济分析确定技术要求，商务条件充分并切合实际，标书中没有歧视性条款，文件内容完整。 C：基本反映使用单位的需求，技术要求有3处以上不明确，商务条件基本切合实际，标书中没有歧视性条款，文件内容基本完整。 D：无法在规定的时间完成招标文件制作，经提醒催促后能够上交。				

续表

评价方式：教师评价					
评价项目	评价标准	评价结果			
		A	B	C	D
投标文件（权重10%）	A：全面响应招标文件的内容，没有遗漏或者回避招标文件中的问题，商务文件齐全，技术条款带*号的项目没有发生偏离，一般项目的偏离没有超过招标文件规定的最高项数。 B：能够响应招标文件的内容，没有遗漏或者回避招标文件中的问题，商务文件有1处以上的疏漏，技术条款带*号的项目没有发生偏离，一般项目的偏离没有超过招标文件规定的最高项数。经修改后能够满足投标的要求。 C：基本响应招标文件的内容，没有遗漏或者回避招标文件中的问题，商务文件有2处以上的疏漏，技术条款带*号的项目没有发生偏离，一般项目的偏离超过了招标文件规定的最高项数。经修改后能够满足投标的要求。 D：无法在规定的时间完成招标文件制作，经提醒催促后能够上交。				
日常回答问题（权重10%）	A：无迟到、早退、旷课现象，积极主动回答问题，流利正确，能够及时上交本学习单元的学习与工作小结，在小结中能够描述在本单元中专业知识和技能提升情况以及今后的努力目标。 B：无迟到、早退、旷课现象，主动回答问题，基本正确，能够及时上交本学习单元的学习与工作小结，在小结中基本能够描述在本单元中专业知识和技能提升情况以及今后的努力目标。 C：无旷课现象，能及时上交学习总结，但描述不清晰。 D：有旷课现象，虽能上交学习总结，但文档层次不明，结构不清。				

学习任务 3

园区网布线设计与施工

3.1 学习任务描述

3.1.1 任务背景

可靠的、高性能的综合布线系统能够为整个企业提供良好的信息传输平台。随着企业规模的不断扩大，该企业园区网涉及若干幢建筑物，在规划和设计时要求考虑计算机信息网络系统、语音通信系统及各智能子系统对综合布线系统的要求，力求把综合布线系统建设成一个可靠、开放、高带宽、可扩展、并满足未来发展的布线系统。请与建设方进行沟通，分析建设方的实际需求，做出该企业园区网综合布线与施工方案，方案应得到用户的认可。

作为设计方应以建设方提供的数据为依据，经过现场勘察，充分理解企业建筑群近期和将来的通信需求后，得出信息点估算数量和信息点分布情况，分析结果必须得到建设方的确认。

按照“先进性、可扩展性、高可靠性、标准化、经济性、实用性”原则，根据企业应用需求，进行综合布线设计设计，满足：

(1) 主干 1 000 Mbps，水平 100 Mbps 交换到桌面的网络传输要求；

(2) 满足与外网及企业内部局域网的连接；

(3) 信息点功能可随需要灵活调整；

(4) 具有开放式的结构，能与众多厂家的产品兼容，具有模块化、可扩展、面向用户的特点；

(5) 能完全满足现在以及今后在语音、数据及影像通信方面的需求，能将语音、数据与影像等方面的通信融于一体，可应用于各种局域网络(LAN)，能适应将来网络结构的更改或设备的扩充。

企业园区网综合布线系统竣工后，必须对该工程进行系统的验收测试，找到影响信息畅通传输的各种因素以迅速解决故障与缺陷。依据《建筑与建筑群综合布线系统工程验收规范》GBT-T-50312-2000标准，编制切合实际的测试与验收技术档案，写出测试与验收报告，交建设方存档，测试记录应准确、完整，规范，便于查阅。依据GBT-T-50312-2000标准与设计方案，制作相关的验收与测试表格，从三个关键的部分进行测试与验收。

3.1.2　学习目标

根据园区网布线的规模与实际应用需求，进行现场勘察，做出园区网综合布线方案并制定施工管理方案。在工程竣工后，需对工程进行测试验收。通过本课业的学习，你应该能够：

1. 团队协作，根据园区内建筑施工图纸进行现场勘察，撰写勘察报告，并与用户进行沟通，确认初步设计方案；

2. 能够充分利用前2个学习单元所从事的工作，在课外独立完成园区网工作区子系统、水平子系统、管理间子系统与垂直子系统的设计；

3. 在教师的指导下进行园区综合布线系统中设备间子系统、建筑群子系统的规划与设计；

4. 独立进行布线材料与器材的统计、价格查询与材料清单制作；

5. 利用工作页，在教师的适当指导下，查阅测试标准，独立测试所给的双绞线与光缆的各项指标，撰写测试报告；

6. 借助工作页，能根据相关标准及设计方案，独立完成对布线工程进行与验收，撰写验收报告。

3.1.3　任务说明

明确企业对园区网络综合布线工程的详细需求；独立收集、整理工程相关的原有历史资料；严格按照国家标准进行现场总体框架测量，确定并标注竖井、配线间、设备间位置；制定网络综合布线工程设计方案，独立制作施工平面点位图和点位信息表；依据点位图和信息表，在了解材料和设备特性及功能，准确换算各类槽、管等材料容积的基础上，确定布线材料以及设备的数量，并独立完成材料清单和设备清单的制作；进行工程成本核算、预算工程费用和描述系统功能，撰写完整的综合布线设计方案与施工管理方案。

依据相关的标准与综合布线设计方案，邀约企业项目相关人员，如有必要还应邀请第三方监理人员，完成超五类、六类线测试方案、光纤测试方案制订，制作物理验收方案并制作相关的验收表格，完成工程的测试与验收，撰写测试验收报告。在本学习任务中，教师的指导将逐步减少，希望你与的团队能够根据要求查阅相关的资料，阅读典型的方案，在规定的时间内完成本学习任务。

表 3.1　本课业包含的工作环节及建议学时数

序号	工作环节	建议学时数
1	现场勘察，分析用户需求	4
2	工作区子系统、水平子系统、管理间子系统、垂直子系统布线设计	4
3	设备间子系统、建筑群子系统布线设计	8
4	园区综合布线施工及管理方案制订	8
5	制定综合布线测试方案	4
6	制定综合布线验收方案	4
小　计		32

3.2　学习准备

1. 设备间的面积计算

设备间的使用面积要考虑所有设备的安装面积，还要考虑预留工作人员管理操作设备的地方。可按以下公式进行面积确定。

当设备尚未选型时，则设备间使用总面积 S 为

$$S=KA$$

其中，A 为设备间的所有设备台（架）的总数；

K 为系数，取值（4.5～5.5）m^2/台（架）

2. 设备间的供电系统

设备间供电电源应满足以下要求：

（1）频率：50 Hz；

（2）电压：220 V/380 V；

（3）相数：三相五线制或三相四线制/单相三线制。

3. 联合接地

联合接地是将防雷接地、交流工作接地、直流工作接地等统一接到共用的接地装置上。观察学校的建筑物，结合相关的资料说明综合布线联合接地时接地引下线、接地体的以何方式实现？

4. 设备间的安全分类

设备间的安全分为A、B、C三个类别，查阅相关的资料，填报表3.1。

表3.1　设备间安全分类

安全项目	A类	B类	C类
场地选择			
内部装修			
供配电系统			
空调系统			
火灾报警及消防设施			
防静电			
防雷击			
防鼠害			
电磁波的防护			

5. 光纤的传输特性

光纤是一种传输媒介，它可以像一般铜缆线，传送电话通话或电脑数据等资料，所不同的是，光纤传送的是光信号而非电信号。查阅相关资料，完成表3.2填报。

表3.2　光纤的特性

项目	特性
传输损耗	
传输频带宽	
抗干扰性	
安全性能	
传输寿命	

3.3　园区网布线设计

在前两个学习任务中，我们完成了企业办公室、办公楼的布线设计与施工，对工作区子系统、水平子系统、管理间子系统和垂直子系统的设计与施工有了较深刻的认知。因此，在对企业园区网的设计中，要求你与你的团队成员能够按照工作页的引导独立地完成3.3.1～3.3.2工作环节。

3.3.1 现场勘察与用户需求分析

1. 现场勘察

表 3.3.1 企业综合布线工程区域

楼宇名称	编号	楼宇层数	是否有地下室
……			

表 3.3.2 楼层吊顶情况

楼宇名称	编号	楼宇层次	吊顶是否可以打开	吊顶高度（m）	吊顶距梁的高度（m）
……					

表 3.3.3 楼宇电缆竖井情况

楼宇名称	编号	是否有竖井	竖井是否有楼板	竖井内中其他线路
……				

表 3.3.4 楼宇设备间、配线间位置

楼宇名称	编号	设备间位置	配线间位置
……			

2. 确定综合布线建筑物FD-BD结构

需要根据企业建筑群的信息点实际情况，确定园区相应的FD-BD结构。绘制FD-BD-CD结构图。

3. 综合布线产品选型

综合布线产品的选用是保证工程质量、加快建设进度、合理控制投资和满足实用需要不可或缺的重要工作，也是综合布线系统工程成功或失败的关键环节。在进行产品选型时，必须结合工程实际满足客观需要；应该按照近期和远期相结合的原则；符合技术先进性和经济合理互相统一的原则。

（1）收集至少三家以上布线产品资料，填写下表。

表3.3.5　综合布线产品信息表

品牌	产商	厂家所在地	产品线	成功案例
……				

说明：①每个品牌的成功案例至少要3个以上；

②表3.3.5只是一个范例，希望你与你的团队设计出更合理的表格样式。

（2）小组讨论，对初选产品进行评议，确定布线产品。并做出简要的产品选型分析报告。

产品选型分析报告建议包含以下内容：

①厂商介绍；

②产品特点、价格情况；

③技术性能、质量保障体系、售后服务；

④成功案例简要说明；

⑤产品选择理由。

3.3.2 工作区子系统、水平子系统、管理间子系统、垂直子系统布线设计

1. 工作区子系统设计

(1) 工作区编号

表 3.3.6 _ X ________楼工作区编号与信息点用途

工作区编号	位置（房号）	面积	用途
……			

说明：X 表示第几号楼宇，企业有几幢建筑物，此处应有相应几张表格

(2) 信息点数量统计

表 3.3.7 _ x ________楼网络和语音点数统计表

楼层	工作区 1		工作区 2				数据点合计	语音点合计	信息点合计
	数据	语音	数据	语音					
一层									
二层									
……									
合计									

说明：X 表示第几号楼宇，企业有几幢建筑物，此处应有相应几张表格

(3) 确定工作区子系统设计方案

制定工作区子系统设计方案，建议包含以下内容：

①工作区子系统设计原则；

②信息点安装位置说明；

③工作区子系统布线方法。

2. 水平子系统设计

制定水平子系统设计方案，建议包含以下内容：

①水平子系统设计原则；

②管道缆线类型与布放长度；

③管槽截面积确定；

④布线弯曲半径要求；

⑤以图来表示水平子系统布线路由；

⑥管槽敷设方式；

3. 管理间子系统设计

制定管理间子系统设计方案，建议包含以下内容：

①管理子系统连接器件（110系列配线架、RJ45模块化配线架、BIX交叉连接器、光纤连接器件）简介；

②如果有光纤引入，还应进行光缆布线管理子系统设计；

③标识管理方案。

4. 垂直子系统设计

制定垂直子系统设计方案，建议包含以下几个内容：

①干线线缆类型及线对；

②垂直子系统路径的选择；

③线缆容量配置；

④线缆接合与敷设方式；

⑤线缆的交接与端接方式。

3.3.3　设备间子系统设计与施工

设备间网络布线子系统设计是一个公用设备存放的场所，也是设备日常管理的地方，有服务器、交换机、路由器、稳压电源等设备。设备间子系统是综合布线的精髓，设备间的需求分析围绕整个楼宇的信息点数量、设备的数量、规模、网络构成等进行

1. 设备间位置的确定

查阅相关的资料，说明设备间位置确定的规范，建议考虑如下的因素：

干线电缆的进出、合适的楼层、干扰源、接地的方便。

2. 设备间工程范围

一个合格的设备间，应该是一个安全可靠、舒适实用、节能环保和具有可扩充性的机房。与企业技术负责人与项目人进行充分的沟通，确定设备间工程范围，填报表 3.3.8。

表 3.3.8 设备间工程范围

工程范围	实施项目（是/否）	工程范围	实施项目（是/否）
建筑部分	抗静电全钢活动地板敷设□	电气工程部分	机房动力配电系统□
	隔断墙安装□		机房 UPS 电源配电系统□
	墙面装饰□		机房照明及应急照明系统□
	各类门安装□		机房直流地极、直流地网及静电泄漏地网□
空调新风系统	空调机安装□	消防报警及自动灭火系统	智能型火灾报警系统，设置烟感、温感探测器□
	排风系统制作安装□	防雷系统	防雷系统安装□

3. 设备间线缆的敷设方式

一般来说，设备间线缆的敷设方式有：活动地板方式、预埋管道方式、墙壁内沟槽方式、机架走线方式。请比较最常用的两种敷设方式，并根据现场的情况及企业的需求，选用企业设备间线缆的敷设方式。

表 3.3.9 设备间常用线缆敷设方式比较

敷设方式	优点	缺点
活动地板方式		
机架走线方式。		

4. 设备间装修

如果企业把某一设备间也作为企业信息中心机房用，那么应考虑机房的精装修工程设计。

(1) 防静电地板铺设

为了防止静电带来的危害，更好地保护机房设备，更好地利用布线空间，应在机房等关键的房间内安装高架防静电地板。

查阅相关的资料，选择合适的抗静电要板，填报表 3.3.10。

表 3.3.10　架空地板选型与实施要求

品牌		厂商		型号	
规格		均布荷载		系统电阻	
地面处理方式					
线缆保护方式					

查阅相关资料，结合在实训室的工作任务，写出抗静电地板铺设施工要求（该报告以附页形式上报），建议在施工要求中包含以下几个要素：

①地面清洁；

②线缆管槽路径标识线确定；

③支架安装；

④敷设线槽线缆；

⑤接地保护。

（2）玻璃隔断墙的安装

表 3.3.11　钢化玻璃隔断

品牌		厚度		是否夹层	
规格		支撑骨架材料			
安装方式					
门的材料与安装方式					

（3）门窗、墙面工程

表 3.3.12　门窗、墙面工程情况

墙面材料		墙面基础处理	
防火门厂商		防火门规格	
窗户型材与安装方式			

（4）根据机房实际环境情境及设备情况，绘制机房布置平面图

在该图中应清楚地表达设备区与办公区、玻璃隔墙的位置、设备区内机柜的数量与摆放位置、空调的位置、门窗的尺寸与位置、办公区办公桌的摆放位置等，图 3.3.1 为一典型的信息中心机房平面设计图，仅供参考。

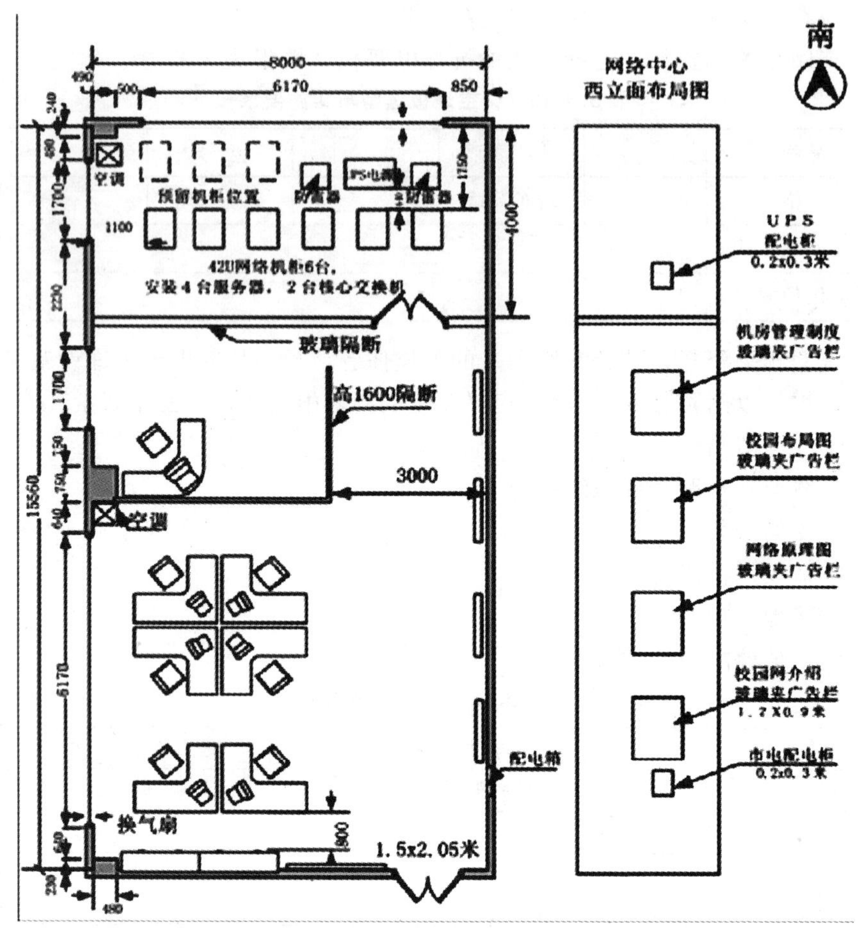

图 3.3.1　某企业信息中心布局图

（5）会同装饰公司人员，列出装修工程材料清单，一并与建设方项目负责人进行沟通。

表 3.3.13　机房精装修材料清单

材料名称	品牌	型号与规格	单位	数量
……				

5. 设备间电气设计

设备间计算机设备包括计算机主机、服务器、网络设备、通讯设备等，由于这些设备进行数据的实时处理与实时传递，关系重大，所以对电源的质量与可靠性的要求最高。为了保证保障电源可靠性，如何设计系统，既保证市电供电又能保障备用供电。小组讨论，提出解决方案。最后应完成表3.3.14的填报。

表 3.3.14　后备供电设备选型

品牌		厂商		型号	
类型		额定输出容量		备用时间	
输入电压范围		输出电压范围		尺寸	
管理方式					

6. 照明配电系统设计

虽然照明配电系统的设计在中心机房的设计中所反映出来的重要性不是很大，但合理的照明系统设计能为网络管理人员提供一个美化、舒适的工作环境。

表 3.3.15　中心机房照明系统材料清单

项目	品牌	型号与规格	数量	参数
照明灯具				
疏散指示灯				
安全出口标志灯				
应急备用				
……				

7. 火灾报警及灭火设施

安全级别为A、B类设备间内应设置火灾报警装置，小组讨论，提出设备间火灾报警及灭火措施方案，建议在该方案中应包含：

（1）如何感测浓烟及室内温度的异常升高；

（2）针对机房的电子设备，应使用什么类型的灭火装置。

8. 接地设计

设备间设备安装过程中必须考虑设备的接地。请查阅相关的资料，提出设备间接地要求，建议考虑以下几个方面：

（1）直流工作地；

（2）联合接地方式；

（3）接地所使用的铜线电缆规格与接地距离的关系。

9. 防雷设计

通过合理、有效的手段将雷电流的能量尽可能地引入大地，防止其进入被保护的电子设备。根据雷击的类型，说明防范措施。

表 3.3.16　防雷的基本措施

雷击类型	防护措施
直击雷	
感应雷	

查阅 GB50057-94 第六章第 6.3.4 条、第 6.4.5 条、第 6.4.7 条，对计算机网络中心设备间电源系统采用防雷设计要求。请描述电源系统的防雷措施，并画出防雷器安装示意图。

10. 列出设备间材料清单（精装修部分除外）

表 3.3.17　设备间清单

材料名称	品牌	型号与规格	单位	数量
……				

3.3.4　建筑群子系统设计与施工

1. 进线间子系统设计

进线间主要作为室外电、光缆引入楼内的成端与分支及光缆的盘长空间位置。对于光缆至大楼、至用户、至桌面的应用及容量日益增多，进线间就显得尤为重要。

(1) 确定进线间位置

(建议描述进线间的功能及确定原则)

(2) 入口管孔确定

（建议描述入口管孔作用、数量及管孔的方式）

（3）进线间环境要求

（建议描述防水、防火、与竖井的关系等要求）

2. 建筑群子系统的设计

（1）需求分析

在建筑群子系统设计时进行需求分析的内容应包括工程的总体概况、工程各类信息点统计数据、各建筑物信息点分布情况、各建筑物平面设计图、现有系统的状况、设备间的位置等。了解以上情况后，具体分析从一个建筑物到另一个的建筑物之间的布线距离、布线路径，逐步明确和确认布线方式和布线材料的选择。

说明：该需求分析简明报告以附件形式上交。

（2）建筑群子系统的详细设计

建筑群子系统的设计主要考虑布线路由选择、线缆选择、线缆布线方式等内容。

①考虑环境美化要求

比较建筑群子系统线缆敷设常用方式，填报表 3.3.18. 根据园区的实际地形与用户的要求，选择合理的线缆的敷设方式。

表 3.3.18　建筑群布线比较

方法	优点	缺点
管道内		
直埋		
架空		
隧道		

②线缆路径的选择

根据建筑物之间的地形或敷设条件，确定建筑群子系统线缆的布线路由，绘制建筑群主干布线路由图，要求能够在图中明确园区建筑物分布情况及建筑物的名称、线缆的走向、线缆敷设方式。

③电缆引入要求

请描述电缆引入建筑物的方式、防雷击与接地要求。

④布线线缆的选择

建筑群子系统敷设的线缆类型及数量由综合布线连接应用系统种类及规模来决定。请选择线缆并说明理由

3. 制定建筑群子系统施工方案

(1) 直埋电缆施工方案

①现场核查

对直埋电缆的路由和位置进行核查、复测、定线和定位。如发现问题，应同建设方联系，确认是否变更或修改。请填报现场核查情况记录表。

该表格由团队自行设计，所包含的栏目有：项目名称、日期、团队名称、核查情况、是否变更与修改、设计单位签字、建设方签字。

②挖掘电缆沟槽和接头炕位

建议描述沟槽宽度与深度、沟槽底面处理、施工现场安全标志设置、接头炕位尺寸等。

③电缆敷设的施工方案

在该方案建议包含以下几个方面。

a. 线缆现场检查情况

b. 沟槽检查与清理

c. 电缆布放时注意事项

d. 电缆在弯曲路径时最小曲率半径要求

e. 直埋电缆的接续操作要求

f. 回填土要求

(2) 光缆的施工

①光缆牵引布放操作规范与要求

②光纤的熔接

光在光纤中传输时会产生损耗，这种损耗主要是由光纤自身的传输损耗和光纤接头处的熔接损耗组成。光缆一经定购，其光纤自身的传输损耗也基本确定，而光纤接头处的熔接损耗则与光纤的本身及现场施工有关。努力降低光纤接头处的熔接损耗，则可增大光纤中继放大传输距离和提高光纤链路的衰减裕量。

指导教师将会演示光纤的接续过程，请你注意观察，然后亲自动手完成该工作环节，并填报表3.3.19。

表3.3.19　光纤接续过程总结

步骤	操作规范	注意事项
开剥光缆		
分纤		
熔接机准备		
制作对接光纤端面		
放置光纤与熔接		
加热热缩管		
盘纤固定		
密封和挂起		

③光纤接续质量检查

损耗的因素较多，大体可分为光纤本征因素和非本征因素两类。请根据你与你的小组成员在操作过程中产生的问题与成功经验，向其他小组介绍影响光纤接续质量的几个重要因素，可参考表 3.3.20 进行总结汇报。

表 3.3.20　影响光纤熔接损耗损因素

影响因素		解决办法
光纤本征因素		
接续技术因素	轴心错位	
	轴心倾斜	
	端面分离	
	端面质量	
	接续点附近光纤物理变形	
熔接环境与熔接机因素	工作环境清洁程度	
	熔接机中电极清洁程度	

3.4　编制企业网络综合布线设计方案

撰写企业网区网络完整的综合布线设计方案，这也是本课程学习重要的学习与工作成果之一。建议设计方案按以下章节进行编排。

1. 前言

这一节包括的内容有：客户的单位名称、工程的名称、设计单位名称、设计的意义和设计内容概要。

2. 定义与惯用语

这一节对设计中用到的综合布线系统的通用术语、自定义的惯用语做出简单的解释，以利于用户对设计的精确理解。

3. 综合布线系统概念

这一节的内容主要是 ANSI 所规定的综合布线系统的 6 个子系统的结构以及每个子系统的概要定义，建议附上综合布线系统结构示意图。

4. 综合布线系统概要设计

4.1　工程概况

包括如下内容：建筑物数量、总面积、各建筑物的楼层数、各层房间的功能概况、业务信息、信息点总数等。

4.2　布线系统总体结构

包括该布线系统的系统结构的文字描述与系统结构图。

4.3　设计目标

阐述综合布线系统要达到的目标。

4.4　设计原则

列出设计所依据的原则。

4.5　设计标准

包括设计标准参考的其他标准。

4.6　布线产品的选型

包括布线产品选择依据，该产品主要性能与典型应用案例。

5. 综合布线系统详细设计

5.1 工作区子系统设计

描述工作区的设计原则、器件选配和用量统计。

5.2　水平子系统设计

水平子系统设计原则、信息点需求、信息插座设计和水平电缆设计。

5.3　垂直干线子系统设计

描述垂直主干的器件选配和用量统计以及主干编号规则。

5.4　管理子系统设计

描述该布线系统中每个配线架的位置、用途、器件选配、数量统计等。

5.5　设备间子系统设计

包括设备间机柜、电源、跳线、接地系统等内容。

5.6　建筑群子系统设计

包括现场环境特点、线缆类型选择、主干路由选择等。

6. 综合布线系统施工

阐述总的槽道铺设方案，而不是指导施工，因此不包括管槽的规格，专门的给施工方的文档将在学习与工作任务四完成。

7. 系统使用的维护管理

布线系统竣工交付使用后，移交给甲方的技术资料目录。

8. 培训、售后服务与保证

包括对用户的培训计划，售后服务的方式、质量保证期及在保证期内的服务承诺。

9. 综合布线系统材料清单

10. 图纸

包括图纸目录、图纸说明及各类图纸。

3.5 制定企业网络综合布线施工管理方案

综合布线施工质量的好坏将直接影响整个网络系统的性能，因此在施工前期应制定合理的施工计划与方案，在施工过程中应加强项目的管理。

在全面熟悉综合布线设计方案的基础上，依据施工现场情况、人员配备、技术力量及技术装备等情况、设备材料供应情况，做出合理的施工管理方案。

3.5.1 施工前期准备

1. 项目小组的成立

在施工前期应进行人力资源的准备，进行人员职责分工。根据你所在的小组成员情况，设立综合布线项目组。

表 3.5.1 综合布线施工项目组成员与职责

岗位	姓名	工作职责
项目经理		
技术主管		
物料经理（模拟）		
施工经理（模拟）		
资料员		

2. 施工前环境检查

在安装工程之前，必须对建筑环境进行检查，具备条件方可开工。

表 3.5.2 _ x ________楼综合布线施工前环境检查情况

项目	是否符合要求	项目	是否符合要求
工作区面积		墙面要求	
地面要求		门的高度与宽度	
设备间接地体		配线间接地体	
预留暗管是否有安装		接线盒是否已安装	
竖井是否满足安装要求		楼板预留孔洞是否齐全	
天花板（如有）是否方便施工			

说明：X 表示第几号楼宇，企业有几幢建筑物，此处应有相应几张表格

3.5.2 制订施工进度管理方案

对于一个可行性的施工管理制度而言，实施工作是影响施工进度的重要因素。如何提高工程施工的效率从而保证工程如期完成呢？这就需要制定一个相对完善的施工进度计划。它包括具体活动界定、活动排序、时间估计、进度安排、时间控制等。

1. 编制综合布线系统工程施工组织进度表

表 3.5.3 施工组织进度表

时　　间	年　　月														
项　　目	1	3	5	7	9	11	13	15	17	19	21	23	25	27	29
1. 图纸会审															
2. 设备订购与检验															
……															

说明：请用底纹在时间段内标识进度

2. 编制周进度计划

表 3.5.4 _ x 施工周计划表

<table>
<tr><td>工程名称</td><td colspan="4"></td><td>编号</td><td></td></tr>
<tr><td>建设单位</td><td colspan="6"></td></tr>
<tr><td>施工单位</td><td colspan="6"></td></tr>
<tr><td>上周施工
完成情况</td><td colspan="6"></td></tr>
<tr><td rowspan="2">本周施工
计划</td><td colspan="6"></td></tr>
<tr><td>技术员</td><td></td><td>施工员</td><td></td><td>项目经理</td><td></td></tr>
<tr><td>近期有待
解决的问
题</td><td colspan="6"></td></tr>
</table>

3. 编制施工技术交底文档

表 3.5.5 技术交底记录（样表，供参考）

<table>
<tr><td>工程名称</td><td></td><td>日期</td><td></td></tr>
<tr><td>交底项目</td><td>金属桥架的安装</td><td>交底人</td><td></td></tr>
<tr><td>施工班组</td><td colspan="3">综合布线工程队</td></tr>
<tr><td colspan="4">内容摘要：1. 工艺标准及质量要求；2. 保证质量具体措施；3. 容易忽视的其他问题。</td></tr>
<tr><td colspan="4">关于 100 * 50 金属桥架的安装，一定要严格按照施工图施工，金属桥架均采用江苏华鹏的喷塑钢槽，吊装桥首先检查桥架的外观，不能掉漆，不能有毛刺；每隔 1.2 米用一根“L”型吊杆吊装，位置应严格按照甲方及设计单位确认后的尺寸施工，桥架要牢固、平整，充分考虑到敷设六类线缆的特殊要求。
线槽的转弯位必须有 45 度过渡段，如下图所示：
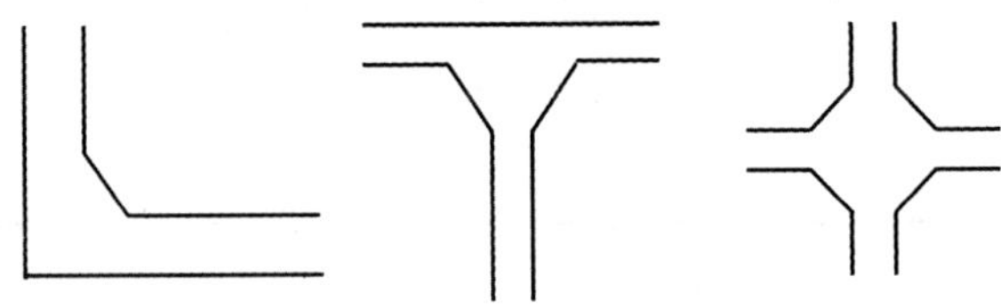</td></tr>
<tr><td colspan="4">参加交底人员：</td></tr>
</table>

说明：应保留这些交底记录，工程竣工后一并移交给建设方。

3.5.3 撰写综合布线施工管理方案

整理相关的分部文档，小组成员讨论后，撰写企业综合布线施工方案。建议方案按以下章节进行编排。

1. 工程概况
2. 工程施工的要求
   2.1　设备安装的要求
   2.2　管槽系统安装要求
   2.3　机柜安装要求
   2.4 信息插座底座安装要求
3. 双绞线施工
   3.1　双绞线电缆牵引
   3.2　信息插座端接
   3.3　配线架端接
4. 光缆施工
   4.1　光缆传输通道施工
   4.2　光缆连接器组装
   4.3　光纤熔接
5. 综合布线子系统施工注意事项
6. 综合布线施工进度安排

3.6　制定综合布线测试方案

综合布线系统的性能决定着智能建筑中信息传输的流畅性，而且智能建筑根据其需要对布线系统又有不同的要求，要按照不同的标准来判断布线系统是否符合要求。如何判断布线系统是否符合要求？这就需要对布线系统进行全面的测试。所以，测试的目的就是为使布线系统满足智能建筑的要求，在通过了符合标准的测试的前提下，保证智能建筑中信息传输的流畅。在综合布线系统工程实施过程中，影响布线系统工程质量的因素很多，因此，布线测试还要能找到影响信息畅通传输的各种因素以便迅速解决故障。

3.6.1　认知测试标准

测试标准是保证产品的通用性、规范性的重要措施，是各类综合布线系统工程质量评价的重要条件。

1. 认知 TSB67 测试标准

请查阅相关的资料，完成该工作环节。

（1）TSB67 标准主要内容

（主要描述连接模型、测试何种类型的双绞线、如何定义现场测试仪的性能要求即可）

（2）画出永久链路测试模型

2. 认知 ANSI/TIA/EIA568B 测试标准

（主要描述该标准适用范围、测试参数即可）

3.6.2 制定双绞线测试方案

1. 测试仪器的选择

测试仪的主要功能与特点是满足现场工作的实际需要，其在价格、性能和应用等方面会有很大的差别。请完成表3.6.1～3.6.5填报，根据测试类型选择合适的测试仪。

表3.6.1 验证、鉴定和认证测试仪功能对比

功能	验证	鉴定	认证
连通性与接线图测试			
故障诊断：端点的位置			
故障诊断：带宽失败处的位置			
判断：线缆性能对网络技术的支持			
判断：线缆性能对测试标准的支持			
测试报告			
永久链路测试			
支持光缆测试			
使用难易程度			
价格			

说明：请用“○”表示不具备此项功能，用“●”表示具备此项功能

2. 双绞线测试

（1）画出信道测试连接图

（2）选择测试参数

首先，你应该能够叙述这些测试参数是用来测试线缆什么指标，请查阅相关的资料，在本工作页不对该部分内容进行详细叙述。对每个信息点测试后，你应该填报表3.6.2～表3.6.5。

表 3.6.2　双绞线测试报告

<table>
<tr><td>电缆识别名称</td><td colspan="3"></td><td colspan="4">企业名称</td><td></td></tr>
<tr><td>测试结果：通过</td><td colspan="3">是□否□</td><td colspan="4">余量（dB）</td><td></td></tr>
<tr><td>测试地点</td><td colspan="3"></td><td colspan="4">测试日期</td><td></td></tr>
<tr><td>操作人员</td><td colspan="3"></td><td colspan="4">测试参考标准</td><td></td></tr>
<tr><td>标准版本</td><td colspan="3"></td><td colspan="4">电缆类型</td><td></td></tr>
<tr><td>软件版本</td><td colspan="3"></td><td colspan="4">测试仪器名称</td><td></td></tr>
<tr><td>额定传输速率</td><td colspan="3"></td><td colspan="4">阻抗异常临界值</td><td></td></tr>
<tr><td>屏蔽测试</td><td colspan="3">是□否□</td><td colspan="4"></td><td></td></tr>
<tr><td rowspan="2">RJ-45PIN</td><td></td><td></td><td></td><td></td><td></td><td></td><td></td><td></td></tr>
<tr><td></td><td></td><td></td><td></td><td></td><td></td><td></td><td></td></tr>
<tr><td>起点</td><td></td><td>信息面板号</td><td></td><td>终点</td><td></td><td>配线架号</td><td colspan="2"></td></tr>
<tr><td>测试连接图</td><td colspan="8"></td></tr>
</table>

表 3.6.3　双绞线参数测试数据记录（1）

线对	长度 (m)		传输延迟 (ns)		延迟偏移 (ns)		电阻值 (Ω)		特性阻抗 (Ω)		衰减结果 (dB)	

表 3.6.4 双绞线参数测试数据记录（2）

	主机测试结果						远程结果					
	最差余值			最差值			最差余值			最差值		
	结果（dB）	频率（MHz）	极限值（dB）	结果（dB）	频率（MHz）	极限值（dB）	结果（dB）	频率（MHz）	极限值（dB）	结果（dB）	频率（MHz）	极限值（dB）
回波损耗												
12												
36												
45												
78												
综合近端串扰												
12												
36												
45												
78												
综合衰减串扰比												
12												
36												
45												
78												
近端串扰												
12—36												
12—45												
12—78												
36—45												
36—78												
45—78												
衰减串扰比												
12—36												
12—45												
12—78												
36—45												
36—78												
45—78												

表 3.6.5 双绞线参数测试数据记录（3）

	主机测试结果						远程结果					
	最差余值			最差值			最差余值			最差值		
	结果（dB）	频率（MHz）	极限值（dB）	结果（dB）	频率（MHz）	极限值（dB）	结果（dB）	频率（MHz）	极限值（dB）	结果（dB）	频率（MHz）	极限值（dB）
等效远端串扰												
12—36												
12—45												
12—78												
36—12												
36—45												
36—78												
45—12												
45—36												
45—78												
78—12												
78—36												
78—45												
综合等效远端串扰												
12												
36												
45												
78												

［测试结果分析］：

3.6.3　制定光缆测试方案

在光纤的应用中，光纤本身的种类很多，但光纤及其系统的基本测试参数大致是相同的。在光纤链路现场认证测试中，主要是对光纤的光学特性和传输特性进行测试。

请制定光缆的测试方案，建议包含以下内容：

（1）测试仪器的选择；

（2）测试参数及测试方法。

完成表3.6.6的填报。

表3.6.6　光纤链路测试报告

光缆识别名		企业名称	
测试最终结果：通过	是□否□	余量（dB）	
测试地点		测试时间	
操作人员		测试参考标准	
标准版本		光缆类型	
软件版本		测试仪器名称	
起点		终点	
测试波长（nm）		插入损耗损	
测试方向		极限值	

[测试结果分析]：

3.7 综合布线系统工程的验收

综合布线验收是保障工作质量、保护用户利益的重要环节。验收是用户对工程施工工作的认可，检查工程施工是否符合有关施工规范。让用户确认：工程是否达到原来的设计目标？质量是否符合要求？有没有不符合原设计的有关施工规范的地方？

3.7.1 验收前的准备

1. 验收范围与项目的确定

对综合布线系统工程验收，应从以下几个方面进行验收：环境检查、器材检验、设备安装检验、缆线的敷设和保护方式检验、缆线的敷设、保护措施、缆线终接、工程电气测试、文档验收等。

2. 验收人员组成

验收小组一般包括工程双方单位的项目负责人、工程项目技术负责人、设计与施工单位的相关项目负责人与技术管、第三方验收机构人员。

3. 确定工程验收的原则

请查阅有关工程验收的资料，描述验收的原则，建议考虑以下几个方面

(1) 设计文件；

(2) 合同书；

(3) 相关标准；

(4) 双方的特殊约定。

3.7.2 制定验收方案

综合布线系统工程的验收小组对已竣工的工程进行验收，可从综合布线各个子系统进行验收。

1. 工作区子系统验收项目与内容

依据《GB50312-2007 综合布线工程验收规范》与招标书，制订工作区子系统验收项目，如表 3.7.1。

表 3.7.1　工作区子系统验收记录表（仅供参考）

编号：

<table>
<tr><td colspan="2">单位（子单位）工程名称</td><td colspan="2"></td><td>子分部工程</td><td>综合布线系统</td></tr>
<tr><td colspan="2">分项工程名称</td><td colspan="2">系统安装质量检测</td><td>验收部位</td><td></td></tr>
<tr><td colspan="2">施工单位</td><td colspan="2"></td><td>项目经理</td><td></td></tr>
<tr><td colspan="2">施工执行标准名称及编号</td><td colspan="4"></td></tr>
<tr><td colspan="2">分包单位</td><td colspan="2"></td><td>分包项目经理</td><td></td></tr>
<tr><td colspan="2">验收项目（一般项目）</td><td colspan="2">验收记录</td><td colspan="2">改进意见</td></tr>
<tr><td>1</td><td>线槽走向是否美观</td><td colspan="2"></td><td colspan="2"></td></tr>
<tr><td>2</td><td>布线是否符合规范</td><td colspan="2"></td><td colspan="2"></td></tr>
<tr><td>3</td><td>信息插座的安装是否规范</td><td colspan="2"></td><td colspan="2"></td></tr>
<tr><td>4</td><td>信息面板是否都固定牢靠</td><td colspan="2"></td><td colspan="2"></td></tr>
<tr><td>5</td><td>……</td><td colspan="2"></td><td colspan="2"></td></tr>
<tr><td colspan="6">验收意见：

日期：</td></tr>
<tr><td colspan="6">验收人员：</td></tr>
</table>

2. 水平子系统验收项目与内容

请与你的团队成员认真阅读《GB50312-2007 综合布线工程验收规范》，自主设计验收记录表。

表 3.7.2 水平子系统验收记录表

3. 管理间子系统验收项目与内容

请与你的团队成员认真阅读《GB50312-2007 综合布线工程验收规范》，自主设计验收记录表。

表 3.7.3 管理间子系统验收记录表

4. 垂直子系统验收项目与内容

请与你的团队成员认真阅读《GB50312-2007 综合布线工程验收规范》，自主设计验收记录表。

表 3.7.4 垂直子系统验收记录表

5. 设备间子系统验收项目与内容

请与你的团队成员认真阅读《GB50312-2007 综合布线工程验收规范》，自主设计验收记录表。

表 3.7.5 设备间子系统验收记录表

6. 进线间与建筑群子系统验收项目与内容

请与你的团队成员认真阅读《GB50312-2007 综合布线工程验收规范》，自主设计验收记录表。

表 3.7.6 进线间与建筑群子系统验收记录表

7. 移交文档

设计单位与施工单位将工程技术文档移交给建设方。

请收集相关的技术文档，编制文档目录。建议收集的文档包含：

(1) 安装工程量；

(2) 工程说明；

(3) 设备、器材表；

(4) 竣工图纸为施工中更改后的图纸；

(5) 随工验收记录；

(6) 工程变更、检查记录；

(7) 技术交底记录；

(8) 测试记录

(9) 工程计算；

(10) 系统配置图；

(11) 配线架与信息插座对照表；

(12) 配线架与交换机接口对照表。

8. 制作工程验收汇总结果表

请自主设计验收汇总结果表，建议包含以下几个方面的验收结果汇总：

（1）环境检查；
（2）设备安装检验；
（3）施工材料检查；
（4）缆线的敷设和保护方式检验；
（5）室内外缆线敷设检验；
（6）保护措施；
（7）缆线终接；
（8）工程电气测试；
（9）管理系统验收。

3.8　参考资料建议

1.《建筑与建筑群综合布线系统工程设计规范》（GB/T50311-2007）；

2.《智能建筑设计标准》（GB/T50314-2000）；

3.《商业建筑电信布线标准》（TIA/EIA-568-B）；

4. 余明辉. 综合布线技术与工程. 北京：高等教育出版社，2004年；

5. 刘省贤. 综合布线技术教程与实训. 北京：北京大学出版社，2006年。

6.《电子计算机机房设计规范》（GB50174-93）；

7.《计算机机房活动地板的技术要求》（GB6650-86）；

8.《电子计算机机房施工及验收规范》（SJ/T3003-93）；

9.《通信电源设备安装设计规范》（GB5040-1997）（电源保障系统）；

10.《通信工程电源系统防雷技术规范》（GB5078-1988）（电源保障系统）；

11.《建筑与建筑群综合布线系统工程验收规范》（GBT/T50312-2000）；

12.《国际商业建筑物布线标准》（TIA/EIA568-B）；

13. GB50312-2007 综合布线工程验收规范；

14. 综合布线网 http：//www. icabling. com/BBS/index. asp；

15. 千家综合布线网 http：//www. cabling-system. com/；

16. 中国弱电之家网 http：//www. 01ruodian. com/；

17. 中国智能建筑信息网 http：//www. ib-china. com/。

3.9 评价与反馈

附表 3_1 学生情感性自评表

<table>
<tr><td>班级</td><td></td><td>姓名</td><td></td><td>学号</td><td colspan="4"></td></tr>
<tr><td colspan="9">评价方式：学生自评（情感性评价）</td></tr>
<tr><td rowspan="2">评价项目</td><td colspan="4" rowspan="2">评价标准</td><td colspan="4">评价结果</td></tr>
<tr><td>A</td><td>B</td><td>C</td><td>D</td></tr>
<tr><td>小组学习表现（该项由组长填报）</td><td colspan="4">A：在小组中担任明确的角色，积极提出建设性建议，倾听小组其他成员的意见，主动与小组成员合作完成学习任务。
B：在小组中担任明确的角色，提出自己的建议，倾听小组其他成员的意见，与小组成员合作完成学习任务。
C：在小组中担任的角色不明显，很少提出建议，倾听小组其他成员的意见，被动与小组成员合作完成学习任务。
D：在小组中没有担任明确的角色，不提出任何建议，很少倾听小组其他成员的意见，与小组成员不能很好合作完成学习任务。</td><td></td><td></td><td></td><td></td></tr>
<tr><td>主动学习</td><td colspan="4">A：学习过程与学习目标高度统一，主动参与学习与工作，在规定的时间内出色完成本学习单元的各项任务。
B：学习过程与学习目标相统一，主动参与学习，在规定的时间内完成本学习单元绝大部分任务。
C：学习过程与学习目标基本一致，在他人的帮助下完成所规定的学习与工作任务。
D：参与了学习过程，必须有教师或组长的催促才能进行学习，在规定的时间内只完成本学习单元的部分任务。</td><td></td><td></td><td></td><td></td></tr>
<tr><td>心理承受力（该项由组长填报）</td><td colspan="4">A：自觉对小组和项目负责，有完成重大任务的心理准备。
B：责任心更加经常化、自觉化。
C：能够在小组组长的提醒下完成任务和自我评估成果。
D：能够在教师监督下完成任务和自我评估成果。</td><td></td><td></td><td></td><td></td></tr>
</table>

续表

<table>
<tr><th colspan="6">评价方式：学生自评（情感性评价）</th></tr>
<tr><th rowspan="2">评价项目</th><th rowspan="2">评价标准</th><th colspan="4">评价结果</th></tr>
<tr><th>A</th><th>B</th><th>C</th><th>D</th></tr>
<tr><td>小组讨论与汇报</td><td>A：能够代表小组用标准普通话以符合专业技术标准的方式汇报、阐述小组学习与工作计划和方案，并在演讲的过程中恰当地配合肢体语言，表达流畅、富有感染力。
B：能够代表小组用普通话以符合专业技术标准的方式汇报、阐述小组学习与工作计划和方案，表达清晰、逻辑清楚。
C：能够汇报小组学习与工作计划和方案，表达不够简练，普通话不够准确。
D：不能代表小组汇报与表达，语言不清，层次不明。</td><td></td><td></td><td></td><td></td></tr>
<tr><td>获取与处理信息</td><td>A：能够独立地从多种信息渠道收集完成学习与工作任务有用的信息，并将信息分类整理后供他们分享。
B：能够利用学院图书信息源获得完成学习与工作任务有用的信息。
C：能够从教材和教师处获得完成学习与工作任务有用的信息。
D：必须由教师指定特定的教材与特定的范围才能获得信息。</td><td></td><td></td><td></td><td></td></tr>
</table>

附表 3_2 成果性评价

评价方式：小组互评、教师评价					
评价项目	评价标准	评价结果			
		A	B	C	D
园区布线用户需求报告（权重10%）	A：能够准确反映用户对园区布线的需求，设计等级、用户信息业务种类等信息分析完整正确，需求报告有得到另一学习小组的确认与签字。 B：能够反映出用户对园区布线的需求，设计等级、用户信息业务种类等信息分析基本正确，需求报告有得到另一学习小组的确认与签字。 C：基本反映出用户对园区布线的需求，设计等级、用户信息业务种类等信息分析不完整，需求报告有得到另一学习小组的确认与签字，但其他小组有提出质疑。 D：无法在规定的时间完成需求报告，经提醒催促后能够上交，对用户的需求分析出现3处以上的错误。				
设备间子系统设计方案（权重20%）	A：设备间布局合理，所绘制的平面布局图规范清晰，设备间预埋管槽、设备间配电、设备间防雷接地、防静电措施设计合理，材料规格和数量统计准确，设计方案能够得到教师与其他小组的认可。 B：设备间布局合理，所绘制的平面布局图规范清晰，设备间预埋管槽、设备间配电、设备间防雷接地、防静电措施设计基本合理，材料规格和数量统计准确，设计方案能够得到教师与其他小组的认可。 C：设备间布局基本合理，所绘制的平面布局图基本符合规范，设备间预埋管槽、设备间配电、设备间防雷接地、防静电措施设计出现2处以上错误，设计方案经修改后能够得到教师与其他小组的认可。 D：无法在规定的时间完成设计，经提醒催促后延迟上交，设计出现多处错误。				

续表

<table>
<tr><td colspan="6">评价方式：小组互评、教师评价</td></tr>
<tr><td>评价项目</td><td>评价标准</td><td colspan="4">评价结果</td></tr>
<tr><td rowspan="2">建筑群子系统设计（权重20%）</td><td rowspan="2">A：准确确定线缆配置、入口管孔数量，能够根据建筑群的分布选择楼宇间布线最佳路由，选择所需电缆的类型与规格满足要求，干线电缆、光缆交接设计正确，材料规格和数量统计准确。
B：准确确定线缆配置、入口管孔数量，能够根据建筑群的分布选择楼宇间布线路由，但选择的路由不是最佳方案，选择所需电缆的类型与规格满足要求，干线电缆、光缆交接设计基本正确，材料规格和数量统计出现2处以上错误。
C：线缆配置、入口管孔数量选择基本正确，能够根据建筑群的分布选择楼宇间布线路由，但选择的路由不是最佳方案，选择所需电缆的类型与规格基本满足要求，干线电缆、光缆交接设计基本正确，材料规格和数量统计出现4处以上错误。
D：无法在规定的时间完成设计，经提醒催促后延迟上交，设计出现多处错误。</td><td>A</td><td>B</td><td>C</td><td>D</td></tr>
<tr><td></td><td></td><td></td><td></td></tr>
<tr><td>中心机房设计（权重20%）</td><td>A：能根据中心机房的实际场所进行精装修工程设计，满足用户对机房精装修的要求，所绘制平面布局图规范清晰，电气设计、接地及防雷系统设计合理，设备清单与预算准确。
B：能根据中心机房的实际场所进行精装修工程设计，但在设计中出现2处纰漏，所绘制平面布局图规范清晰，电气设计、接地及防雷系统设计基本合理，设备清单与预算准确。
C：能根据中心机房的实际场所进行精装修工程设计，但在设计中出现多处纰漏，所绘制平面布局图基本符合规范，电气设计、接地及防雷系统设计出现2处以上错误，设备清单与预算准确。
D：无法在规定的时间完成设计，经提醒催促后延迟上交，设计出现多处错误。</td><td></td><td></td><td></td><td></td></tr>
</table>

续表

评价方式：小组互评、教师评价					
评价项目	评价标准	评价结果			
		A	B	C	D
线缆测试方案(权重10%)	A：能够依据相关的测试标准，制定合理的测试方案，测试仪器选择正确，测试方法合理，能够对测试结果进行分析。 B：能够依据相关的测试标准，制定合理的测试方案，测试仪器选择正确，测试方法合理，但未能对测试结果进行分析。 C：能够依据相关的测试标准，所制定的测试方案基本合理，测试仪器选择正确，测试内容不完整，未能对测试结果进行分析。 D：无法在规定的时间完成需求报告，经提醒催促后能够上交。				
工程验收方案(权重20%)	A：能够依据相关的验收标准，制定合理的验收方案，验收内容详尽，制作相关的验收表格，能够对验收结果进行分析。 B：能够依据相关的验收标准，制定合理的验收方案，验收内容有2处以上的缺漏，所制作相关的验收表格不完整，能够对验收结果进行分析。 C：能够依据相关的验收标准，所制定的验收方案基本合理，验收内容有4处以上的缺漏，所制作相关的验收表格不完整，基本能够对验收结果进行分析。 D：无法在规定的时间完成设计，经提醒催促后延迟上交，方案出现多处错误。				

附表3_3　个人自我评价表

<table>
<tr><td>姓名学号</td><td></td><td>组别</td><td></td><td>班级</td><td></td></tr>
<tr><td>学习任务</td><td colspan="3"></td><td>填表日期</td><td></td></tr>
<tr><td colspan="3">评价内容</td><td colspan="3">自我评价</td></tr>
<tr><td colspan="3">学习任务完成（个人在本学习任务中承担的具体工作和个人完成的工作成果的详细说明。需提供具体的工作成果，并另提供介绍工作成果PPT演示文稿）</td><td colspan="3"></td></tr>
<tr><td colspan="3">知识与技能收获（在学习与工作环境中有效地参考了那些参考资料，描述专业知识和技能提升情况以及今后的努力目标）</td><td colspan="3"></td></tr>
<tr><td colspan="3">工作过程控制情况（对照事先拟定的计划，描述承担具体工作实际进程，如果时间进度控制有落差，请说明是如何调整的，并说明造成时间进度控制有落差原因）</td><td colspan="3"></td></tr>
<tr><td colspan="3">团队协作情况（个人在本学习任务中担任的角色、个人在团队中互相帮扶情况、个人对工作环节进程的积极作用、当在工作环节中与小组其他成员出现工作交叉时是如何协调的、个人对学习与工作的组织与协调的改进意见等）</td><td colspan="3"></td></tr>
<tr><td colspan="3">其他（值得突出说明的成果、收获和建议）</td><td colspan="3"></td></tr>
</table>

致 老 师

尊敬的老师：

您好！

感谢您选择《网络综合布线设计与施工工作页》。本学材是在学习与工作一体化的情境下，引导学生完成网络综合布线设计与实施的职业典型工作任务，让学生经历完整的学习与工作过程，强化课程教学的职业性，通过在项目实战中按团队进行角色模拟，培养学生职业意识、创新意识和团队沟通与协作能力、自我控制与工作控制能力。在培养专业能力的同时，促进学生综合职业能力的发展。

在教学的实施过程中，我们有以下建议：

一、教师角色与作用

教师从单纯的知识与技能的传授者转变成引导者，用引导问题引导学生完成“设计导向性”工作任务。在教学过程中，教师应引导学生确定学习与工作任务、制定并确定计划学习与工作方案、组织任务实施，最后引导学生团队内部与团队之间评价工作成果，让各个学习团队达到共同提高之目的。

请您根据每个学习任务所提出的学习目标与任务要求，帮助学生组建学习团队，分组时请注意兼顾学生的学习能力、性格和态度等个体差异，以便让每个学生都能参与到学习中，在合作中共同完成学习与工作任务。

你对整个学习与工作的过程进行发动、监督、帮助、控制与评估，把学生引导到工作过程中去，指导与监控学生的实际工作过程，当学生遇到困难不能继续下去或犯有较大错误时及时地进行辅导与干预。

二、教学组织形式

如果条件允许的话，请实施团队教学，每个学习任务最好有企业教师参与，让企业兼职教师在任务的背景介绍及任务要求时作为主导。

由于企业对于网络布线需求具有差异性，因此，学生在使用本工作页，会根据企业的实际情境有选择地实施工作任务，这是允许的。希望您能够及时听取各学习小组的阶段性汇报，准确掌握各学习小组的工作进度与工作质量，这可能会加大您的工作量，但当学生在您的引导下能够较顺利地完成一个企业的综合布线设计与实施时，就是对您辛勤劳动的最大回报。

三、学习目标与学业评价

学习目标反映学生完成学习任务后预期达到的能力水平，既有针对本学习任务的过程和结果的质量要求，也有对今后完成类似工作任务的要求。每个学习目标都要落实到具体的学习活动中，要充分相信学生并发挥学生的作用，与他们共同进行活动过程的质量控制。对学生的学业评价要在学习过程中体现，您可以通过学生的自评、小组间的互评及您的检查与评价来实现对学生的学业评价。每个学习任务后，我们有推荐评价的方法，您肯定会有更好的方法，请告诉我们，让我们共同把这一困扰我们很久的学生学业评价做得更好。

四、学习资料与教学环境

本工作页在每个工作环节中均会向学生推荐参考资料，此外，我们也收集了大量的成功案例供学生参考，您如果需要，可通过邮件向我们索取，我们的邮箱是 zds661021@163.com，同时也期待您也能够把更多更好的参考资料与我们共享。

让我们共同努力，使我们成为不仅是知识的呈现者，而且是信息的重组者；不仅是对话的提问者，而且是疑问的激发者；不仅是学习的辅导者，而且是学习的促进者；不仅是课堂的管理者，而且是课堂的合作者；不仅是学业的评价者，而且是学生成长的记录者。

编者

2009 年 12 月

后　记

本套“工作页”丛书作为我院2008—2009年度国家示范性高职院校建设项目“课程体系与教学内容改革”的重要成果，历经一年多的努力，终于付梓面世了。这项系统而复杂的改革课题于我们而言是一项巨大的挑战。一路走来，我们经历了理念转变与形成时的冲突与碰撞，研讨与交流时的风暴与交锋，设计与构思时的困惑与彷徨，起草与修改时的辛苦与无奈。当峰回路转，我们又感受了困惑与彷徨之后的顿悟与坚定，品尝了灵感闪现与观点生成之后的豁然与兴奋，体验了掩卷长舒之后的轻松与释然。同时更有一种崇高的“跨越苦难成就自我，疑惑丛生继续前行”的成就感与使命感的油然而生！

在本套丛书油墨的清香飘然而至之时，我们要表达对北京师范大学教育技术学院技术与职业教育研究所所长赵志群博士、广州市教育局辜东莲教研员最诚挚的谢意！也要感谢所有的参编人员——我们可亲可敬的同事们！他们在承担繁重的示范性建设任务和本职工作的同时，加班加点，精心设计，仔细推敲，数易其稿。本套丛书凝聚着他们锐意创新的勇气和投身课程改革的毅力，倾注了他们对莘莘学子的挚诚热爱和宝贵心血，更显示着他们不辞辛苦、无私奉献的精神境界！

本套“工作页”丛书作为课程与教学改革探索途中的新成果，已具雏形，但不免生涩，只希望能够抛砖引玉，促进职业教育课程与教学改革的进一步深入。同时，丛书所留下的遗憾，只能在工学结合一体化课程的实施中得到不断的丰富与修正，在日后的修订中得到弥补和完善。

路漫漫其修远兮，吾将上下而求索！

丛书编者

2009年8月

图书在版编目(CIP)数据

网络综合布线设计与施工工作页/郑东生主编. —厦门：厦门大学出版社，2010. 4(2013. 8 重印)
(漳州职业技术学院国家示范性高职院校项目建设成果之课程与教学改革丛书)
ISBN 978-7-5615-3538-7

Ⅰ.网… Ⅱ.郑… Ⅲ.计算机网络-布线-技术-高等学校：技术学校-教材
Ⅳ.TP393.03

中国版本图书馆 CIP 数据核字(2010)第 070034 号

厦门大学出版社出版发行
(地址：厦门市软件园二期望海路 39 号 邮编：361008)
http://www.xmupress.com
xmup @ xmupress.com
厦门市明亮彩印有限公司印刷
2010 年 5 月第 1 版 2013 年 8 月第 2 次印刷
开本：787×960 1/16 印张：6.5
插页：2 字数：120 千字
定价：13.00 元